周蓓 主編

專題史叢書

胡竟良 著

河南人民出版社

中國棉產改進史

附：徐士圭 著《中國田制史略》

該書由兩本書構成，一本名爲《中國棉產改進史》，一本名爲《中國田制史略》。《中國棉產改進史》主要介紹了民國前三十年來中國棉業改進的歷史，共分緒論、我國改良棉產之設施、棉作實驗研究之成績等7章。

圖書在版編目（CIP）數據

中國棉産改進史 / 胡竟良著. —鄭州 ：河南人民出版社, 2018. 6
（專題史叢書 / 周蓓主編）
ISBN 978-7-215-11485-2

Ⅰ. ①中… Ⅱ. ①胡… Ⅲ. ①棉花－栽培技術－農業史－中國 Ⅳ. ①S562-092

中國版本圖書館 CIP 數據核字（2018）第 069406 號

河南人民出版社出版發行
（地址：鄭州市經五路 66 號　郵政編碼：450002　電話：65788036）
新華書店經銷　　北京虎彩文化傳播有限公司印刷
開本　710 毫米×1000 毫米　1/16　印張　15.75
字數　198 千字
2018 年 6 月第 1 版　　2018 年 6 月第 1 次印刷

定價：130.00 圓

出版前言

中國現代學術體系是在晚清西學東漸的大潮中逐步形成的。至民國初建，中央政治權威進一步分散和削弱，加之新文化運動帶給國人思想上的空前解放，新學的啓蒙，新知識分子的産生，民國學術如草長鶯飛，進入一個自由而蓬勃的時代。中國傳統學科乃中國學術之根基與菁華所在，民國學人采用『取今復古，别立新宗』之方法，引入西方的學術觀念，積極改造，使史學、文學等學科向現代學術方向轉型。此外，大力推介西方社會科學的新學科和自然科學，在學習、借鑒乃至移植西方現代學術話語和研究範式的過程中，逐漸建立中國現代學科，使中國的學科門類迅速擴展。一時間，新舊更迭，中西交流，百花齊放，萬壑争流，開創了中國現代學術的源頭。

伴隨知識轉型和研究範式轉换而來的，還有學術著作撰寫方式的創新。中國古代的著作向來以單篇流傳，經後人整理匯編後，方以成册成集的面目出現并持續傳播。直到十九世紀末，東西方的歷史編撰體裁不外乎多卷本的編年體、紀傳體和紀事本末體等，章節體的出現標志着近代西方學術規範的産生和新史學的興起。章節體具有依時間順序，按章節編排；因事立題，分篇綜論；既分門别類，又綜合通貫的特點。以章、節搭建起論述之框架，結構分明，邏輯清晰，較傳統的撰寫體裁容量大、系統性强。它的傳入，使中國現代學術體系從内容到形式被納入了全球化的軌道。民國時期專題史的研究、譯介、編纂、出版恰恰是在這樣的背景下欣欣而發，是學術的實驗場，也是歷史的記録儀。編選『專題史』叢書的初衷正是爲了從一個側面展示中國學術從傳統向現代過渡的歷史進程。

專題史是對一個學科歷史的總結，是學科入門的必備和學科研究的基礎，也是對一個時代艱深新鋭問題的解答，是學術研究的高點。民國專題史著作中，既包含通論某一學科全部或一時代（區域、國别）的變化過程的，又囊括對一時代或一問題作特殊研究的，還有少部分是對某一專題的史料進行收集的。原創與翻譯并重，翻譯的底本大多選擇該學科的代表著作或歐美大學普及教本，兼顧權威性和流行性，其中日本學者的論著占據了相當比重。日本與中國同屬東亞儒家文化圈，他們在接納西方學術思想和研究模式時，已作了某種消化與調適，從思維轉換的角度看，更便于中國借鑒和利用，他們的著作因而被時人廣泛引進。

與當代學術研究日趨專業化、專門化、專家化的『窄化』道路迥乎不同的是，中國傳統學術崇尚『學問主通不主專，貴通人不尚專家』的通識型治學門徑，處于過渡轉型期的民國學術在不同程度上保留了這種特徵。民國學術大師諸學科貫通一脉、上千年縱横捭闔之功力自不待冗言，外交家著倫理政治史、文學家著哲學史、化學家著戰争史等亦不乏其人，民國專題史研究呈現出開放、融通、跨界撰述的特點。與此同時必須看到，自晚清以來，中國的命運就在外侮屢犯、内亂頻仍的窘境中跌宕彷徨，民族存亡仿若命懸一綫。這股以創建學科、總結經驗、解決問題爲指歸的專題史出版風潮背後，包裹着民國學人企望以西學爲工具拯民族于衰微的探索精神，及以學術救亡的愛國之心。梁任公曾言：『史學者，學問之最博大而最切要者也，國民之明鏡也，愛國心之源泉也。』這種位卑未敢忘憂國的歷史使命感和國民意識是今人無法漠視和遺忘的。

『專題史』叢書收録的範圍包括現代各個學科，不僅限于人文社會科學，學科分類以《民國總書目》的分科爲標準，計有哲學、宗教、社會、政治、法律、軍事、經濟、文化、藝術、教育、語言文字、中國文學、外國文學、中國歷史、西方史、自然科學、醫學、工業、交通共19個學科門類。本叢書分輯整理出版，内不分科，單本發行，方便讀者按需索驥。既可作爲大專院校圖書館、學術研究機構館藏之必備資源，也可滿足個人研讀或興趣之收藏。

與目前市場已有的一些專題史叢書相比，這次『專題史』叢書具有規模大、學科全、選本精、原版影印的特點。本叢書選目首重作者的首創、權威和著作影響力，尤其注重選本的稀見性。所謂稀見，即新中國成立後没有再版，且多數圖書館没有收藏，或即便有收藏，也是歸于非公開的珍本之列予以保存，普通讀者難以借閱。部分圖書雖有電子版，但作爲學術研究的經典原著讀本，紙質版本更利于記憶和研究之用。本叢書精揀版本最早、品相最佳的原版圖書作爲底本，因而還具有很高的版本收藏價值。

『專題史』的著作是民國學者對于那個時代諸問題之探究，往往有獨到之處，無論其資料、觀點短長得失如何，要之在中國現代學術史的構建與發展進程中，自有其開宗立論之地位。

胡竟良著

中國棉產改進史

商務印書館印行

自序

民國三十一年夏，值吳縣鄒秉文先生五十壽辰，中華農學會以先生致身農業垂三十載，倡導策劃，功垂百世，因議將三十年來農業改進史實彙輯成編，以爲先生壽。作者循會中之囑，草擬棉作改進一篇，惟以吾國植棉溯源已久，淸末以還，政府獎導亦復不遺餘力，是以棉業改進自田間栽培以至市場檢驗，千頭萬緒，史料偏多，惜乎抗戰期間，文物散失，參考書籍搜考匪易，益以若干報告未付刊行，一歸擋卷，便同湮沒，資料不敷，周詳難期，至於棉業工作人員，爲數逾千，或事理論探究，或事實際推行，異途同歸，貢獻無殊，然以篇幅限制，未能列舉滄海遺珠，良多遺憾，屬稿之際，雖已力求簡約，僅敍重要設施，完稿之後，仍感紊秩紛繁，揆諸會中所定編輯條例，殊有未符，因復力加刪節，得全文什之四五，輯爲簡史付會刊印，而原稿敍列較詳，當時徵詢遺聞，稽鈎往事，亦頗費周章，友好數人，曾爲校讀，僉以足資參證，未可棄置，因於瑣務冗繁之際，重予編整，補闕增遺，分全稿爲七章，敍述過去植棉重要設施試驗推廣結果及檢驗分級概況而外，復就中國棉業與世界其他植棉各國，互作比較，以資借鏡，而作戰後復興棉業之依據，凡得十萬言，卽付剞劂以就正於方家，亦敝帚千金之意云耳！

中華民國三十二年二月於成都

目次

中國棉產改進史

第一章　緒論

第一節　中國棉史溯源

【布帛之源始】　上古之世，穴居野處，衣以樹葉皮毛爲之。迨至黃帝，乃製衣裳。黃帝元妃西陵氏教民育蠶，衣料始以絲織。自後麻、紵、葛相繼應用。禹貢：「青卅岱畎絲枲」，是山東在夏時已產大麻。詩經齊風，「蓺麻如之何？衡從其畝。」又陳風：「東門之池，可以漚紵；」可證紵麻之用亦早。詩經周南篇：「葛之覃兮，施於中谷，維葉萋萋；」又「維葉莫莫，是刈是濩，爲絺爲綌；」則周代已有甚細之葛布。鹽鐵論：「古者庶人，耄老而後衣絲；其餘則麻枲。」孟子：「七十者可以衣帛矣！」唐南史：「吾不衣者，只是麻布。」漢藝文志：「麻、紵、葛曰布。」是古稱麻織爲布，絲織爲帛，皆以絲、紵、葛爲之，未有棉也。晚近布以棉爲之，始別稱絲、紵、葛所織者，爲他名。我國使用棉花起源頗古，夏書有織貝，漢書有帛疊之記載。禹貢：「島夷卉服，厥篚織貝。」蔡沈傳云：「南夷木棉之精好者，亦謂之吉貝，海島之夷以卉服來貢，而織貝之精者，則入篚也。」是二千餘年前，雖已有棉，然僅限於貢品，未有其種也。

【古時棉之產地】　棉非我國原產。原產之地，據吾國古籍之可考者：唐李延壽所撰南史林邑國傳：「林邑國出古貝，古貝者，樹名也，其花成熟如鵝毳，抽其緒，紡之以作布，與紵布不殊。亦染成五色，織爲斑布；」呵羅單國傳：「都闍婆洲元嘉七年（西歷四三〇年），遣使獻古貝；」丹丹國傳，「梁中大通二年（西歷五三〇年），遣使表獻古貝雜香草。」按林邑國今安南南部地。呵羅單國，即今吉蘭丹（或作吉達丹）（Kelantan），在馬來半島之東部。丹丹國卽今馬來半島西岸單單島(Dinding)。唐書南蠻傳：「婆利以古貝橫一幅，繚於腰。古貝草也，緝其花爲布，麤曰貝，精曰氎。」張勃吳錄：「交趾定安縣有木棉，樹高丈，實如酒杯，口有緜，如蠶之緜也。又可作布」宋趙汝括諸番雜誌：「木棉吉貝木所生，占城、闍婆諸國皆有之。」按交趾今安南東京州(Tonkin)。占城國秦爲林邑國。闍係梵意，都闍或卽印度，婆卽婆洲。婆利與婆洲同。是知棉種未入中國前，產棉區域限於印度、馬來、印度支那半島及東印度羣島。

【我國最初植棉地】 棉之原產地爲印度。遠在西曆紀元三千年前，印度卽有棉花織物。印度棉棉種之傳播，一路西向歐洲及非洲；一路東向南洋及中國朝鮮。我國何時始植棉，已不可考。唐李延壽南史高昌國傳：「有草實如繭，中絲爲細纑，名曰疊，取以爲帛，甚輭白。」漢沈懷遠撰南越志：「桂州出古終藤，結實如鵝毳，核如珠珣，治出其核，紡爲絲棉，染爲斑布。」又越南志：「南詔諸蠻，不養蠶，惟收婆羅木子中白絮，紉爲絲，織爲幅，名婆羅籠段。」按桂州今廣西桂林，南詔今雲南大理；高昌國今新疆吐魯番地。據此雲南、廣西於漢時，新疆於唐時，卽已植棉。宋祝穆方輿志：「平緬出婆羅樹，大者三五丈，結子有絨絲，織爲白氈，名兜羅棉。張勃吳錄：「交州永昌有木棉樹，高過屋，有十餘年不換者，實大如酒杯，中有綿絮，色正白，破一實得數斤，可爲溫絮及毛布。」范政敏遯齋閒覽：「閩嶺以南多木棉，土人競植之，有至數千株者，采其花爲布，號吉貝布。」唐張籍詩有：「蜀客南行祭碧鷄，木棉花發錦江西」之句。宋方勺泊宅編：「閩廣多種木棉，紡織爲布，名曰吉貝。海南蠻人織爲布，上出細字，雜花卉尤工巧，卽古所謂白疊布。」宋李昉太平廣記：「黎州通望縣銷樟院池南亦有婆羅樹，三四人連手合抱方匝；花先後葉，花蕊有棉，謂之婆羅棉。」羅浮山記：「木棉正月開花，大如芙蓉，花落結果。」按平緬今雲南騰衝；張勃所謂交州，今兩廣及安南境；永昌卽今雲南。閩嶺以南卽今福建。錦江今四川成都一帶。太平廣記之黎州今四川漢源縣。羅浮山在今廣東增城。唐宋之時，雲南、四川、廣東、廣西、福建，諸省已盛植多年生之草棉。顧上述諸地，植棉雖早，皆在邊省耳。本部諸省植棉記載；據陶宗儀南村輟耕錄：「韃靼人跡踄中土，而木棉始移植於我國。閩、粵、關、陝，首得其利，元時乃傳至江南，江南又始於松江，有明以來，始遍江北。」清乾隆敕纂授時通考詳採棉事，以補桑餘之利，命直隸總督方觀承繪圖刻石題詠，於河北滹沱河一帶，教民種植紡績，北方植棉始盛。

【古時棉種】 棉種傳入我國之經路有中央亞細亞及印度之別。「白疊」之名，乃譯自土耳其語，「古終」與阿拉伯文所謂之棉字（Qutn）有密切關係。而「古貝」「吉貝」則爲馬來語（Kapus）之轉訛。英植物學家華德氏（Sir Watt）於其所著世界野棉及栽培棉種一書謂「於南京棉（Gossypium Nanking）未發現之前，人惟知有草棉（Gossypium herbaceum），草棉係一年生最早棉種之一，乃黃花紅心，原產地或爲阿拉伯，由回教徒自阿拉伯傳至小亞細亞及埃及，然後至歐洲；又自波斯、印度之邊境傳至亞洲。」據陶宗儀所記：「畏兀人跡踄中土，而木棉始移至於我國，閩、廣、關、陝，首得其利。」畏兀本高昌之別部，其氏族於中古時代侵入中央亞細亞及今土耳其斯坦（Turkestan）與波斯接壤地，後由其民族（即畏兀人）傳至中國，先至甘、陝後，自西北而南也。吾國古籍所稱「古終」之黃花棉，係草棉（G. herbaceum），證之近在甘肅發現草棉而益信。棉古作緜，或作綿，先時草緜與木緜統稱木緜，後乃改緜爲棉，殆以木緜二字，并而爲一，取其簡便。李時珍本草綱目：「木緜有二種，似木者名古貝，似草者名古終，或作吉貝，乃古貝之訛也。」梵書謂之「睒婆」，又曰「迦羅婆劫」。徐光啓農政全書：「古貝之名獨昉於南史，相傳至今，不知其義意是海外方言也。」按吾歷代古籍稱棉爲織貝、古貝、或吉貝，當係梵語所稱爲棉之（karpaaai）一字所譯出。印度又稱棉爲(Pucu)，「婆劫」二字，蓋即本此。浮爾開滿氏（Valkamar 生於西曆一七一四年），以南京棉（G. Nanking）照片贈華德氏，并謂「此棉輸入中國，已五百年，相傳來自埃及。」元孟祺農桑輯要：「木棉本南海諸國所產，後福建諸縣皆有，近江東陝右亦多種之，滋茂繁盛，與本土無異。」可見木棉之輸入我國由南而北也，南京棉（G. Nanking）據華德氏之記載，有黃花及紅花兩種。氏謂紅花棉爲古人所贊美，或係南京棉之亞種（G. N. Var, rubicunda）。楊升菴丹鉛總錄：「南中木棉大如抱，花紅似山茶，而蕊黃花片極厚，非江南所藝者。」此則木棉科之木棉，非錦葵科之棉。木棉(G. arboreum)之亞種（G. a. Var. Sanguinea），原產非洲，在印度不多見，南京棉一名暹羅棉，紅花形態，係南京棉之本色，木棉原名古貝，譯自梵語，華德氏曾得此種標本於吾國，似與印度有密切關係，則吾國古時所植之紅花木棉，或即此種也。吾國現有之紅花棉，屬於南京棉亞種(G. N. Var. rubicunda)。尚有浦東紫花，纖維棕色，而非白色。南通之鷄脚棉，屬木本棉(G. arboreum)，祇有黃花亞種(G. a. var. neglecta)與白花亞種(G. a. var. rosea)。總上所述，吾國古時棉種，依華德氏之分類法，爲一、草棉(G. herbaceum)；二、南京棉(G. Nanking)，及其亞種紅花棉(G. N. var. rubicunda)，及白花棉(G. N. var. album)；三、木本棉(G. arboreum)及其亞種黃花鷄脚棉(G. a. var. neglecta)，白花鷄脚棉(G. a. var. rosea)；皆亞洲棉類也。依 Harland 之分類，則屬舊大陸栽培棉。一爲草本棉(G. herbaceum)。二爲木本棉(G. arboreum)（南京棉納入木本棉）。近年在雲南及西康鹽源一帶發現多年生木棉，考其種：一爲埃及棉(G. peruvianum)；一爲連核棉(G. brasiliense)。依 Harland 之分類，則統之名爲(G. barbadense)，屬新大陸栽培棉。此種棉種何時輸入不可考。吾古籍所載，雲南、廣東、廣西、四川所植之多年生木棉，是否卽爲此種，未敢斷言焉。美國陸地棉(G. hirsutum)輸入吾國之歷史極淺。清光緒二十四年（西曆一八九八年），張之洞輸入於湖北。

第二節　歷代獎勵植棉

植棉之利，古人多以詩文讚美之。宋末棉花之利，尚在閩中，江南猶未之種。宋謝枋得謝劉純父惠木棉布詩：「嘉樹種木棉，天何厚八閩，厥土不宜桑，蠶事殊艱辛，木棉收千枝，八口不憂貧，江東易此種，亦可致富殷。」元王禎有木棉圖譜敍頌揚木棉之功：「木棉之爲布且密輕暖，可抵繒帛，又爲毳服毯段，足代本物。比之蠶桑，無採養之勞，有必收之效。將之枲紵，有績緝之功，得禦寒之益。可謂不麻而布，不繭而絮。」元陳高種花詩：「炎方有橦樹，衣被代蠶桑，舍西得閒園，種之漫成行，苗長初夏時，料理晨夕忙，揮鋤向烈日，洒汗成流漿，培根灌澆頻，高者三尺長，鮮鮮綠葉茂，燦燦金英黃，結實吐秋繭，皎潔如雪霜，及時以收斂，采之勤盈筐，緝治入機杼，裁剪爲衣裳，禦寒類挾纊，老稚免淒涼。」陳高元末人，其時就隙地而種，足證棉種傳入內地尚不久；而種植之利，漸代蠶桑，已爲民間所公認。明王象晉亦有木棉譜序：「棉之利，逼宇內，且功力視，苧葛甚省，績苧葛日以錢計，紡綿四日，而得一觔，信其利遠出蔴枲上也。」明邱濬大學衍義稱：「棉，地無南北皆宜之；人，無貧富皆賴之；其利視絲枲，蓋百倍焉。」棉之利溥矣。尙須輔以紡織，其利始廣，種植亦始普遍。陶宗儀南村輟錄：「松江府東去五十里許曰烏泥涇，其地土田磽瘠，民食不給，因謀樹藝，以資生業，遂覓木棉之種。元元貞中，有嫗黃道婆者，從崖州來，教以作造捍彈紡織之具；至於錯紗，配色、綜線、絜花，各有其法；以故織成被褥，帶帨其上，折枝團鳳，棋局字樣，粲然如寫；人既受教，競相作爲，轉貨他郡，家旣就殷。未幾嫗卒，莫不感恩，灑泣而共葬之，又爲立像祠焉。」古人論植棉之利，於此可見。

吾國自種棉以來，歷代帝王皆加提倡。元世祖至元二十六年（西曆一二八九年）置浙東、江東、江西、湖廣、福建木棉提舉司，專司棉事。棉設專官，蓋自此始。明太祖（一三六八——一三九九年）立國初，下令強制植棉：「民田五畝至十畝者，栽桑麻棉各半畝，十畝以上者倍之。稅粮，亦準以木棉折米。」強制種植，恐民之病也，則實行棉田徵實以濟之，棉田徵實自此始。有明一代，長江流域棉花栽培極盛；南京棉之學名，冠以南京二字之由來也。萬曆間張五典行部至上海，手書五典種法特詳棉事。清康熙有御制木棉賦，褒揚木棉之利；幷謂其功不在五穀之下。其時棉事，蓋不僅與桑麻幷重矣。乾隆（西曆一七三六——一七九五年）敕纂授時通考，詳採棉事，以補桑餘之利。命直隸總督方觀承繪棉花圖，自佈種以至染織，乾隆帝親自題詩，刻石樹立保定，以南方優良棉種，鑿井灌溉等法，以滹沱河爲中心，勸導人民植棉，黃河流域植棉始盛。德宗光緒御製棉花圖詩，復命儒臣纂授衣廣訓，於棉花之事，纖悉畢賅。

清光緒十六年至二十年（西曆一八九〇——一八九四年）間，李鴻章、盛宣懷、張之洞等，先後在上海、漢口等地，設立機器織布局，振興我國紡織工業，以杜洋布之輸入。我國紡織工業，實於此奠其始基。光緒二十四年（一八九八年），湖廣總督張之洞以銀二千兩，向美國購陸地棉種子，輸入湖北，散給人民，獎勵栽培美棉，雖不知選擇品種及其栽培方法，終至失敗，而美國陸地棉之輸種吾國，此其嚆矢。光緒二十七年，張謇得兩廣總督張之洞及劉坤一之助，於南通組織通海墾牧公司，開拓江蘇濱海地植棉事業，投資總額達三千萬元，通海棉產劇增，南通棉因之馳名國內，張氏倡導之功也。清光緒三十年（西曆一九〇四年），農工商部復向美國大量輸入陸地棉種子，分配於江蘇、浙江、湖北、湖南、四川、山東、山西、直隸、河南及陝西諸省，獎勵農民栽種。當時輸入之品種爲喬治斯、皮打孫、奧斯亞及錢行存摺棉等。吾國本農國，歷代素重農事，而倡導獎勵如棉業者，實罕有其儔焉。

海禁以前，中國純居封建經濟時代，衣食所需，全由自耕自足。一般婦女咸以紡織爲已任，雖工作遲緩，然質堅耐久，消費較少，勉可敷用。海禁旣開，英商首以機製棉紗棉布，輸入破壞我國手工紡織制度。故自清末自有海關統計以來，棉貨卽居入超之首位，因而有張之洞、李鴻章等先賢，提倡機器紡織工業，以杜漏卮。十八世紀末葉，紡織機器發明，人類衣服主要原料，遂由毛織、絲、麻織品代以棉織品。世界棉花需要量，由是逐年增加。我國自亦受其影響。同治三年（一八六四年），美國內戰，棉價騰貴，我國棉花栽培大增，輸往歐洲之棉花，達三十九萬擔。其後日本明治維新，棉紡織工業發達甚速，日商均來我國收購棉花。一九〇九年我國棉花輸出額達六十三萬擔。植棉之利，遠非桑蠶可能比擬。遂而激發遠識之士，於是引起入民國後之棉鐵救國主義。吾國棉產改進，實自棉鐵主義發其端。其後經社會人士之提倡，各農科大學從事研究改良，三十年來頗有不少成就可資記錄。上所稱述，特追溯以往，以作吾國棉產改進史之發凡云爾。

本章參考資料

（1）Brown, H. B., "Cotton" Mcgraw-Hill Book Co, New York 1927.
（2）Gulati, A. N. and Turner, A. I., A Note on the Early History of Cotton, The Journal of

The Textile Institute Vol. XX. 1929.

(3) Scherer, James, A. B., "Cotton as a World Power." Frederich A stokes co., New York, 1916.

(4) Watt, Sir George, "The Wild and Cultivated Cotton Plants of the World," Longmans Green Co. London 1907.

(5) 古今圖書集成。

(6) 藝海珠塵。

(7) 徐光啓：農政全書。

(8) 許璇宙：中國棉史攷，農學三卷五期，國立東南大學農科編輯，民國十五年。

(9) 奕行：中國棉產之狀況，上海商報第六週年增刊，民國十六年一月。

(10) 胡竟良：關於棉業的史料，棉業一卷六期，湖南棉業試驗場編印，民國二十四年。

(11) 胡竟良：我國古代植棉攷略，農報六卷二十八至三十合期，中央農業實驗所印行，民國三十年。

第二章　我國改良棉產之設施

第一節　政府提倡植棉時期

民國建元以來，振興實業之說，盛倡一時。棉花爲經濟作物，熟習我國內情之外人，常以擴充植棉事業相規勸，民國三年，適棉鐵主義者張謇，任農商總長，頒佈法令，設立機關，努力奬勵植棉事業。張氏號季直，遜清狀元，自光緒二十八年，在南通創辦大生紗廠，深知欲紗廠成功，須改良棉花。紗廠須棉，機器須鐵，因倡棉鐵政策，故吾命此期爲政府提倡植棉時期。此期起於民國三年至民國八年。

一、設施　中央設施

【公司保息條例】　民國三年（西一九一四年）一月十三日，農商部公佈公司保息條例，政府爲發達實業起見，撥存公債票二千萬元，作爲保息基金，每年以其利息，借助棉織毛織製鐵等業，凡本國人民，依本國法律所成立之公司資本實收額，在七十萬元以上者，皆得按其實收資本額之六厘，呈請繼續撥借保息金三年，但自領第一次保息金後，自第六年起，每年須按照三年間所領保息金額二十四分之一，撥還政府。

【植棉奬勵條例】　民國三年四月，農商部公佈植棉、製糖、牧羊，奬勵條例。凡擴充植棉者，每畝奬銀二角，改良植棉者，每畝奬銀三角，并指定直隸、山東、江蘇、浙江、湖北、湖南、江西、河南、山西、陝西等十一省爲植棉區域，奬勵棉種，以美棉、埃及棉爲限。

【中央農事試驗場美棉試驗】　民國三年，北京中央農事試驗場，舉行美棉品種比較試驗及純系育種，經數年試驗，得北京長絨棉及其他品種，散發附近農民種植，並指導種植法。

【聘請外籍棉業顧問】　農商部鑒於外人在上海試種美棉，結果良好，乃於民國四年於部內設棉業處，同年四月，聘美國台格撒斯州(Texas)農事試驗場，棉作技師喬勃生(H. Jopson)為顧問，從事棉業整理。惜喬勃生供職三年，殊稀貢獻，於民國七年，解約回國。

【部立棉業試驗場】民國四年，農商部撥開辦費十萬元，設立部立棉業試驗場，並向美國購買新式農具，如犂耙、中耕器、播種器及鋸齒軋花機等，分發各場應用，各場業務，規定為：(1)選種及傳佈；(2)播種、收穫、氣候、土壤、肥料等之測驗；(3)病蟲害之驅除及預防；(4)纖維質之檢查；(5)棉花標本之陳列與保管；(6)練習生之招收與指導等。是年三月，設立第一棉業試驗場於直隸正定，面積二百八十一畝，場長錢稼孫，職員六人，四月設第二棉業試驗場於江蘇南通，面積二百九十五畝，場長王志鴻。第三棉業試驗場於湖北武昌，面積三百六十二畝，場長崔燮邦。場中設備、整齊，頗與農民接近，在部立棉業試驗場中，為較有成績者。民國七年，復於北京設立第四棉業試驗場，場長章祖純，設備不完，難言成效。民國五年，農商部復借彰德袁世凱私地二百畝，名模範種植場，由中央政府直轄。以顧問喬勃生為之長，試種美棉，適是年大旱，棉苗枯死，毫無收穫，乃改為第一棉業試驗場之分場，翌年袁逝世，乃由其後裔收回，此場遂消滅。

【農商部分給美棉種子】民國七年，農商部為獎勵美國棉種起見，大量輸入美國脫字棉(Trice)，及京字棉(King's Improved)種子。委託直隸、河南、山東、江蘇、浙江、湖北等省實業廳棉業試驗場，分給種子於農民，並頒佈分給美國棉種及收買美國種棉花細則。其分給美國棉種細則：規定凡種棉田十畝以上之農戶，每畝得分給種子五斤，十畝以下者，不給，十畝以上則依次遞加，以二十畝為限。逾此限每斤繳種價四角。農商部並編印美棉品種攷，美棉栽培法，及選種法等說明書，分發各省應用，並派員調查成績，列表報告。農商部收買棉花細則：規定實業廳及棉業試驗場，須於適當地點，設置收買美棉總所，及分所，并備輥軸軋花機；凡領受分給種子之農戶，於收穫後，至少須將其收穫量之半數，賣與該所；經其檢查子實纖維水分等，分別等級，規定價格；計上等比市價增給二成，中等增給一成，下等則與市價相同；各所將收買之籽棉，自行軋花後，從此等子實中精選優良者，加意貯藏，以備次年配佈之用；棉花販買以後，編製報告，呈報農商部。

【長蘆棉墾局】財政部鹽務署，為利用長蘆廢場灶地放墾植棉，於民國八年十一月，呈准施行。並委李士熙為局長，李於十二月六日設局於天津，劃分棉墾區域為三段：（一）舊化場山海關以西灤河以東之地；（二）濟民越支兩場，在灤河以西薊運河以東之地；（三）海豐鹽鎮兩場，在滄縣鹽山境內，並厘定地價，照章放墾。

【棉業整理局】民國七年以前，棉業處附設於農商部，由農林司長兼領。民國七年，草擬棉業整理局組織章程十五條，民國八年一月十六日公佈，總局設於京師，特派周學熙為督辦，主旨在圖棉業之發達與改良。整理局之職務如次：

(1)調查各省棉業產額、販路、地質、及近年營業狀況；
(2)調查國際棉花、棉絲、貿易狀況；
(3)調查美埃棉產狀況；
(4)與商民合資振興紡織事業；
(5)籌議補助棉業經濟；
(6)籌設模範紡織廠；
(7)籌議棉種改良方法；
(8)籌設紡織學校；
(9)籌劃紡織製品及原料運輸之便利；
(10)檢查棉花品質；
(11)發行棉業公報，並譯述各國棉業專書，及新聞雜誌；
(12)勸導各地商民，設立棉業分局。

民國八年，督辦周學熙報告整理狀況：（甲）選設試驗場，該局向美國、朝鮮及本部各省棉產區，購入各種優良棉種十餘萬斤，選定直隸之天津、邢台、平鄉、衡水、寧津、豐潤、灤河、冀縣，山東之卽墨、膠縣，河南之鄭縣、濬縣、汲縣、延津、新鄉等處爲試植之地。共計開闢試驗場凡二十餘所，棉田一千七百餘畝，並以優良棉種分送各地農家；（乙）養成人才，該局又從各地農業學校，攷選學生八十餘名，分派各地紗廠及植棉試驗場實習，並募集職工二十餘名，學徒六十餘名，分送各地紗廠，以資深造。

各省設施：

【山西省立棉業試驗場】　民國六年，山西省長閻錫山爲提倡棉業，設省立棉業試驗場於平陽。購買美棉種子，無價發給人民種植。並於民國八年，釐定山西省棉業逐年進行計劃：（甲）河東道限期六年，以增加輸出爲目的。每年命省立棉業試驗場，派遣場員，赴各縣勸導監督，並由省署每年購入埃及棉或美棉種子一萬斤，分給農戶，至秋收後，仍以高價收買其種子，配佈他處。如此循環給收，繼續六年，可使河東全道，盡用美棉種子。至於獎勵辦法，除代領農商部植棉獎勵條例所規定之獎勵金及獎章外，並每年在棉業試驗場開棉花評判會一次，選成績優良者，給與獎銀；（乙）雁門、冀寧兩道，限期四年，以自給爲目的。該區自民國七年，懸賞植棉以來，植棉區域，幾遍各縣，冀寧道及雁門關以南諸縣，均宜植棉，但雁門關以北諸縣，則不宜植棉。故首先確定界限，指定植棉區域，不作籠統規定，於確定植棉之縣份，訓令各縣知事，負勸導監督之責，務使有耕地三十畝者，至少植棉二畝，三百畝以上者，至少植棉三畝，省署於每年春季，向河東道購優良棉種三萬斤，分給農民，當收穫時，告諭人民不得以棉籽榨油，只許販賣棉種。每年秋季，由省署派員調查植棉畝數及收穫數量，評定成績，給與獎品並獎銀，且代向農商部申請獎勵金。

【湖北第一第二棉業試驗場】　湖北省於民國二年，設鍾祥、荊州、漢陽、嘉魚、西霸、襄陽、施南等道立農事試驗場，開辦五年，毫無成績。民國七年，湖北實業廳，乃將上列各場改組。設第一棉業試驗場於江陵，第二棉業試驗場於鍾祥，力圖整頓，但困於經濟，卒少建樹。

【山東省立臨清棉業試驗場】　民國七年，山東實業廳爲振興本省植棉養蠶及手工業，於臨清設立棉業試驗場，辦理試栽美棉，品種改良及散發美棉種子等。同年制定「棉業公會章程」及「美棉栽培章程」。

學校及社會團體之設施：

【江蘇鹽墾區植棉事業】　淮南江北沿海六百餘里之地，夙擅煎鹽之利，近百五十年來，海勢東遷，各場沙淤成陸，舊時埠蕩，潮汐不至，滷氣遂淡，茂草日盛，鹽產日減，迄遜清季世，二千數百萬畝之地。殆盡成草原。張謇於光緒二十八年，集資組織墾牧公司，創鹽墾之法，調河墾者，開溝築堤，種植棉稼，能耆之地，仍蓄草供煮，以顧食鹽，既舒鹽商之困（蕩地不准墾殖），復開國家利源，民國五年，張謇辭農商總長南歸，悉力倡導，鹽商聞風響應，民國六七年間，成績最著，開墾畝數已達五十九萬畝。

【中華植棉改良社】　上海浦東引翔港本有穆抒齋所設之植棉試驗場，試種美棉，成績頗著。民國六年，聶雲台等贊助擴充之，組中華植棉改良社，設事務所於楊樹浦，以穆湘玥主之。設試驗場於南通、吳淞、奉賢三處。南通試驗場面積計二千畝，成績頗佳，奉賢場三百畝，吳淞則僅百畝，穆湘玥字藕初，曾留學美國，對於棉作學理，極有研究，該社自組織以來，頗受社會重視。廣西督軍譚浩明於民國七年，曾託該社選擇江蘇常陰、沙棉種二千斤，試植於南寧各縣，頗得該省人士稱許。

【上海禁止棉花攙水協會】　上海禁止棉花攙水協會(The Shanghai Cotton Anti-adultaration Association)，乃中外紗廠及外人棉花輸出商，於清宣統三年所組織。主旨在檢驗棉花水分，試辦以來，頗著成效。故更進一步，謀棉種改良，於民國五年（西一九一六），設棉花農園於南京。委金陵大學教授批克擔任監督，試種結果，完全失敗。民國六年，復於上海法租界公園及楊樹浦兩處，租地試種美棉埃及棉及中棉，聘威特魯(Emile Widler)氏主其事，結果謂：美國棉種不適宜於上海，其原因由於氣候土壤差異，生長期短所致，時路生費特曾爲文駁之，穆湘玥對二人之討論，曾加以批評，言上海試植美棉之失敗原因頗多，採用之美棉種，其產地較上海爲高燥，種子太晚熟，播種期太遲，播種太密，土壤太肥沃，土地灌溉不宜，如避免上述諸點，美國棉種，無不可移植上海之理。該會於民國九年，復委託金陵大學，繼續試驗三年。

【南通農業學校】南通甲種農業學校，係張謇於清季所創辦。民國三年，該校曾舉行棉作展覽會，於棉作改良工作，想於民國三年以前開始。

二、本期工作評述

本期自始至終，完全由中央政府悉力提倡獎勵，社會尙未注意。當時專門人才缺乏，推動事業，自感困難。首卽招聘外籍顧問，以爲之助。農商部於民國三四年所頒佈公司保息條例及植棉獎勵條例。一則扶植紗廠之建立，一則輸種美棉，製造與原料，兼籌並顧，目光深遠。並於部內設棉業處，後復擴大爲整理棉業籌備處，統一職權，專司棉事，分設棉業試驗場，從事棉作改良之研究，制訂分給種子及收買棉花細則，注意及於栽培選種，指導籽棉分級，提高美棉價值，及軋花機之供給。並於京漢鐵路，特開專車，於車廂中，陳列棉業標本，沿京漢路各大小站，停留展覽宣傳棉業之重要，及美棉之優點。凡此均足顯示當時政府辦事之精細，與注意實際問題。

山西、山東兩省，對於美棉獎勵倡導甚力，所擬辦法亦甚確實。

當時各棉業試驗場所作之試驗，最普遍者爲品種試驗。所有品種，均由國內外蒐集而來，多至百餘種，區大一方丈，每區種植十株，並無重複，品種均未自交，不明是否純系，栽培試驗項目甚多，如灌漑試驗，斷根試驗，肥料試驗，中耕試驗等。南通年雨量爲一·〇〇〇公厘，尙在作灌漑試驗，肥料試驗，每畝田過磷酸石灰一百二十斤，實緣當時專門人才太少，所有試驗，難有結果。

至於輸進美棉，當時毫無試驗根據，唯知購進美棉，甚且震於埃及棉質之佳，同時獎勵種美棉及埃及棉，亦緣專門人才太缺乏之故。

第二節　學校及社會團體改良植棉時期

民國三年至民國六年（西一九一四——一九一七），適値歐洲第一次大戰時期，歐美各國，紡織工業停頓，棉產減少，中國紗廠獲利豐厚。民國七年以後，大戰初停，外廠紗布產量一二年內尙未恢復，各國棉產，一時亦未能劇增，我國各廠，依然繁榮，添建新廠，擴增紗錠，風起雲湧，國內原棉之質與量，均成問題。於是棉花改良，遂成當務之急，爲政府社會所確認。學校負研究改良之責，紗廠集資補助，與第一期僅僅由政府獎勵者不同。故此期可以名爲紗廠提倡學校負責研究改良棉作時期。此期自民國九年起，至民國二十一年止。

一、設施　中央設施

【整理棉業籌備處】　整理棉業籌備處，於民國九年在天津設立棉業傳習所，分植棉紡織兩科，畢業生中，頗多優秀人才，後此負棉業改良之重責。此外並派員調查棉業，製成報告。該處於民國十三年因經濟無着停辦。

【部立棉業試驗場】　部立第一、二、三、四棉業試驗場，繼續辦理，至民國十六年，第三棉業試驗場由湖北省接收。第二棉業試驗場由江蘇省政府接收，第四棉業試驗場亦已停辦。唯第一棉業試驗場由實業部接收，改爲實業部部立正定棉業試驗場，繼續工作，直至民國二十六年，始因戰事停辦，場長爲王又民。

各省設施：

山西　平陽棉業試驗場仍舊，雁門、冀寧兩道試種美棉，屢遭失敗，山西省政府於民國十年，設第一經濟植棉試驗場於太谷，第二經濟植棉試驗場於文水，第三經濟植棉試驗場於定襄，第四經濟植棉試驗場於高平。分區指導人民植棉。

山東　民國十年山東教育廳爲造就實際棉業人才，設立棉業講習所，先後畢業學生百餘人。省立棉業試驗場於民國十九年改爲省立第一棉業試驗場，場長胡長準民國十五年於齊東設立棉作育種場，場長楊熙光，實行馴化美棉，改良中棉，歷年用混合選種法選出大宗優良脫字棉種子，並有脫字棉三十六號及齊東細絨中棉之育成。該場於民國十九年，改稱省立第二棉業試驗場。

河南　民國十三年，河南實業廳設立第一模範植棉場於開封，第二模範植棉場於洛陽，規模極小，至十五年停辦。

陝西　民國十五年西安有農棉試驗場二處，一在西關，面積二百畝，一在西安北三十里之草灘，面積七百畝，以天災人禍，人才缺乏，經濟困難，無甚成效。

湖北　荊州、鍾祥兩場仍舊外，於民國十五年，復將部立第二棉業試驗場收歸省辦。惟以政局多變，迄無效果。

湖南　湖南棉業試驗場於民國十九年始成立。設置雖遲，而規模最大，總場在長沙，面積七百餘畝，並於澧縣、衡陽、常德各設分場一所，面積五百五十五畝。二十一年於津市設軋花廠二所，擁有三十二吋輥軸軋花車六十部，二十二年增至一百部，場長袁輝。創辦之初，注重育種栽培試驗及棉區作物育種。民國二十一年，即開始推廣工作，以合作方式推廣棉種，以經濟基點，辦理棉花生產及運銷，頗與以前所用方式不同。

江西　民國十七年，江西省立湖口農業試驗場成立，場長張勛。注重棉作改良，以經費積欠及其他原因，無何成績可述。

安徽　民國八九年實業廳曾於東流、舒城、和縣、懷遠各設立棉場一處，規模極小，至民國十五年停辦。民國十七年就舒城棉場原址，成立省立模範棉場，專司棉作改良之事，爲時僅及一年，當局突又將其停辦。

江蘇　民國十三年江蘇實業廳於南滙、周浦設省立棉作試驗場，場址狹小，經費有限，無甚表現。十六年六月，江蘇省建設廳接收。部立第二棉業試驗場委馮澤芳爲場長，稱江蘇省立通州棉作試驗場，同時接收南滙棉場，改爲通州棉作試驗場之分場。民國十八年改稱江蘇省立棉作試驗場，以許虞宙爲場長，馮澤芳副之，仍以南滙爲分場，並於南通三餘鎮增設鹽墾分場一所，總場注重黑子棉之改良。南滙分場，注重白子棉之改良，鹽墾分場，任脫字棉之改良及鹽墾區之植棉研究。民國十八年，總場建軋花廠一所，有六匹馬力柴油引擎一部，三十二吋輥軸機四部，僅供場中軋花而已。

浙江　民國八年秋，浙江省政府於餘姚籌設棉種試驗場，租地六十畝，規模狹小，無可展佈。迨至民國十七年夏，改組棉種試驗場爲省立棉業改良總場，場長方君強，總場地積擴充至一百畝。關於餘姚、新浦、慈谿、平湖各設分場一所，各有棉田百畝，十八年冬，復於杭州蕭山上虞成立育種場一所，就餘姚產棉中心之周港，設立軋花打包廠及倉庫一所，供繁殖棉種軋花之用。該場設置之初，卽決定以改良中棉爲主，同時根據一二年之試驗結果，決定引種百萬棉，作過渡時期之推廣材料。民國十七年，卽有極少量百萬棉之推廣。民國十九年，並有提高價格，收買推廣百萬棉產品之舉。

團體及學校設施：

【華商紗廠聯合會提倡植棉】華商紗廠聯合會，成立於民國七年。經各紗廠之維持，會務日形發達，鑒於購用外棉之非計，謀根本改良之計，於民國八年，組織植棉委員會，以穆湘玥爲委員長，聶雲台、榮宗敬、劉柏森，徐靜仁爲委員，葉元鼎任幹事。是年有棉場七所，面積一百五十畝，並於浙江、江蘇、安徽、江西、湖北、湖南、河南、直隸等省二十六處，舉行品種試驗，供試品種，係向美國農部購得之八種標準品種。品種名稱：爲金棉（King），愛棉（Acala），脫棉（Trice），杜蘭哥棉（Durango），科倫比亞棉（Columbia），隆字棉（Lone star），埃及棉（Egyptian）及海島棉（Sea Island）。是年八月，美國農部派棉作專家顧克氏（O. T. Cook）來華調查棉產及研究品種試驗之試驗情形。由華紗聯合會副會長聶雲台及葉元鼎偕往通州、漢口、保定、北京、天津攷察。顧克氏攷察之結論，決定脫字棉及愛字棉爲適宜中國之棉種，東南沿海一帶，氣候過於潮濕，原有中棉，似有改良希望。民國九年，植棉委員會聘過探先爲總場場長，總場設南京洪武門，面積五十四畝。各省設分場，江浦分場面積最大計四百畝，其餘如在江蘇之溧水、金壇、寶山、灌雲、銅山、蕭縣、寶應，安徽之郎溪，浙江之杭縣，湖北之武昌，湖南之衡陽、常德，河南之鄭縣，直隸之唐山、豐潤，面積均數十畝。鄭縣分場則爲二百三十一畝，該場宗旨，爲增加棉產及改良品質。過氏規定每場僅種一種美棉，以免混雜。是年所用棉種，係由顧克氏之介紹，由美國購運來華，計爲隆字棉（由 Sanders Lone Sar Seed and Gin Co. Texas. 購來），愛字棉五號（Acala No. 5, 由 Nunn's Pedigreed seed Farm, Porter, Oklahoma

購來）及脫字棉（由 A. B. Bridger, Bells, Texap 購來），因種子送到稍遲，致各場播種延期，成績不良。經營一年，規模粗定。至民國十年，即委託東南大學農科，繼續辦理。華商紗廠聯合會曾兩次大量散發美國棉種子，擴張美棉種植面積。民國九年，該會由美國購脫字棉隆字棉種十噸，運河南、陝西散發，當多能爲農民所得。民國十八年，江蘇財政廳撥款五萬元，榮宗敬捐款一萬五千元，向美國購愛字棉百噸，運陝、豫代賑。因分發方法不善，及天氣乾旱，損失頗多，無甚效果。該會於民國八年舉行全國棉產調查，以蔣迪先主其事，每年發表全國棉田面積及產額。至民國十四年，該會所發表之數字，即爲萬國紡織聯合會及美國農部採用。

【國立東南大學農科棉作改良推廣】 東南大學農科以南京高等師範農業專修科爲基礎。當南高時代，即抱有改良中國棉作之志願。民國九年，南匯發生造橋蟲（棉尺蠖），由教授張巨伯前往調查，並由穆抒齋捐款二千元，設立棉蟲研究所於南匯老港。張氏往從事研究刊布防治該蟲報告。是年夏，開辦暑期植棉講習會，以教授孫恩麐主之，遠道來學者一百九十三人。入秋復於農科課程中，加入植棉學及棉作育種學，以學程所屬，農事試驗場，亦有棉作試驗，此高師農科，對於中國棉作貢獻之發軔也，十年春，部分高師改建東南大學，農科主任，仍以鄒秉文主之，科內分系，力籌擴充，農事試驗場亦正在計劃添設中，適華商紗廠聯合會，於是年三月。以該會在各省設立之植棉場，委託該校辦理，年補助二萬元，該校特於農科別組棉作改良推廣委員會，以過探先爲主任，兼該校農藝系主任，孫恩麐爲總技師，十一年添聘王善佺、葉元鼎，十三年添聘許震宙爲技師。並請該科土壤教授盤珠祺，病蟲害教授張巨伯，農具教授李炳芬襄助研究整理改良中國棉作計劃，爲進行之標準，於江蘇、湖北、河南三省設立分場，計劃中有「本校農科推廣棉作，從改良棉種及改良栽培方法着手，二者見有成效，然後力圖推廣，則基礎穩固，而見效迅速」之原則，各場專注重中美棉育種栽培，試驗及愛字棉脫字棉之繁殖馴化工作，對於推廣事業，不過作文字及展覽會之宣傳，故民國九、十兩年，可稱爲該校棉作推廣之預備時期。民國十一年，於保定增設分場，同時以選種馴化美棉及栽培試驗，已著成效，播種器、中耕器等新式農具，已經仿造，重要病蟲害已有防治方法，特指定鄭縣、江浦兩場爲推廣區域，開始散發愛字棉及脫字棉種。華商紗廠聯合會，自是年起，年補助三萬元。鄭縣、江浦、楊思各場，乃得極力進行青年植棉團，各種栽培方法實演會，棉作展覽會，及實地指導等推廣事業，並於是年春，開辦植棉專科，入學者凡四十六人。民國十二年，該校增闢棉作研究室，各場場地亦有擴充，而社會及政府需要該校協助關於棉作之事業亦日多。民國十三年，華商紗廠以營業失利，僅與上海紗布交易所合力補助一萬元。民國十四年，紗廠受內戰及工潮影響，經濟益困，補助費遂完全停止。該校農科主任鄒秉文多方籌措，一切研究試驗推廣，幸得持續進行。民國十五年，得美庚款之補助，事業愈益擴大，聘胡竟良爲棉作推廣專員，各場亦添聘推廣員一人，司所在區域一切推廣之責。是年四月，開始攝製棉花影片，第一幕爲普通棉農植棉情形，第二幕爲該科改良及推廣棉作之情形，第三幕棉農用改良種子及新式栽培方法所得之結果，至十六年春始完成。民國十六年以後，東南大學改稱中央大學，農科改稱農學院，棉場之繼續存在者，爲南京勸業場，江浦場，上海楊思場，及鄭縣場，棉作育種遺傳栽培等試驗及推廣，均賡續進行。

【金陵大學農林科】 民國八年，上海洋商紗廠聯合會及禁止棉花攙水會，每年補助金陵大學農林科八千元，科內成立棉作部，以美國人郭仁風(J. B. Griffing)爲主任，開始選擇中棉及馴化脫字棉愛字棉。爲時三年，經費即停止。嗣並在安徽和縣、烏江推廣愛字棉，校內並製造木制打包機及研究鋸齒軋花機。教授徐澄專力研究棉業經濟。

【南通大學農科】 南通甲種農業學校，於民國十年改稱南通大學農科，王善佺任第一任講座，繼之者爲馮肇傳、張通武，該科注重中棉育種，南通鷄腳棉即爲該校所育種。同時注意鹽墾區棉作栽培方法之試驗，大學並有紡織科，造就紡織人才。

二、第二期工作述評

本期特點，中國棉作改進事業完全以大學爲領導。東南大學、金陵大學、南通大學，各有專長，且均得紗廠經費之補助，及後紗廠補助停止，各大學仍繼續進行。同時造就人才，後期事業擴充，人才不虞缺乏，功效尤偉。

美棉馴化及中棉育種工作同進，並有專門人才，從事工作，栽培試驗方法，亦較進步。至民國十五年，洛夫氏(H. H. Love)來華試驗，方法更有改進。棉作學術品質研究，亦已開始。棉花重要害蟲，如張巨伯之於造橋蟲，吳福楨之於紅鈴蟲，金鋼鑽蟲之研究，已得初步防治方法。

推廣工作，此期已開始，棉種之推廣範圍不大，最大亦不過十萬畝（湖南二十一年）。但爲後期大量推廣之張本。棉種散發，至此亦改贈送爲貸借。

東南大學之棉作推廣方法，如文字宣傳，展覽會，植棉競進團各種實現實地指導，及改良棉種及改良栽培，見有成效，然後力圖推廣之原則，不但爲棉作推廣樹立模楷，且亦開我國農業推廣之先河。

棉作推廣區域，舉行軋花運銷。湖南棉業試驗場於民國二十一年開始試辦成功。

第三節　政府統制棉業時期

前期最後數年，國事蜩螗。外患日急，災禍頻仍，經濟衰敗，民國以來實所僅見。言外侮，民國二十年九月十八日，日寇佔我遼寧，侵併吉林、黑龍江，東北輸入本部工業貨品，以棉貨爲第一，本部輸出之棉織物，東北佔百分之二十六，棉紗佔百分之十五，東北進口棉織物之由本部輸往者，占總額百分之四十九，棉紗佔百分之八十九，東北被侵後，本部棉貨之銷路遂絕。民國二十一年一月十八日，復被襲，紗廠被炸者，爲永安之第二廠、第三廠。被流彈波及者，有統益、溥益、大豐等廠。言內患，旣承重大水災之後，又復匪亂蔓延，農村崩潰，經濟枯竭。兼之適當世界經濟蕭條之會，工業國家，以過剩物品，尋覓市場，我以關稅較輕，遂成外貨傾銷尾閭。尤以日本紗廠侵略爲甚，我國紗廠遭受影響最鉅，言原棉生產，民國二十年全國棉花產量僅六百三十餘萬擔。且是時紡紗支數，平均已在二十支以上，而國產棉花品質粗短，能紡二十支者，不及其半，量質均差，不得不輸入美棉。民國二十年進口棉花，達四百六十萬擔，爲通海以來最高之記錄。因是我國唯一最大工業之棉紡織廠，減工閉廠，甚至移轉於日商者，日有所聞。國民政府鑒於此種危機，擬成立棉業統制委員會，以謀補救，棉業統制委員會，成立於民國二十三年十月，故以是年爲本期之開始，至本期之終期，則爲民國二十六年。

一、設施

國府爲促進經濟建設，改善人民生活，特於民國二十二年組設全國經濟委員會，全國經濟委員會得組織各種專門委員會，棉業統制委員會其一也。棉業統制委員會於民國二十二年十月十七日成立。國府派陳光甫、李中伯、謝作楷、唐星海、鄒秉文、陳立夫、榮宗敬、張公權、杜月笙、貝崧孫、張嘯林、郭順、何炳賢、胡筠庵、劉蔭茀、孫恩麐、吳醒亞、聶路生、穆湘玥、陳伯莊、李浩駒、徐萊丞等二十二人爲委員。並指定陳光甫爲常務委員兼主任，委員鄒秉文、李中伯、謝作楷、唐星海，常務委員陳代表金融界，鄒代表農業界，李代表棉紡工業界，俱見當時政府係合金融農業工業之力，謀中國整個棉業之改進，棉業統制委員會，依其組織條例第二條之規定，對於全國棉業紡織業，有指導監督及施行統制獎勵之權。其職掌則有下列之規定：

(一)關於植棉之改良推廣事項；
(二)關於紡織工廠之組織、設備及管理事項；
(三)關於紡織機械及其附屬品之製造事項；
(四)關於棉花、棉紗及其製造品之運銷事業；
(五)關於棉業紡織業市場交易之標準制度之規定事項；
(六)關於棉業紡織業之稅則研究事項；
(七)關於棉業紡織業之勞工福利設施事項；
(八)關於棉業紡織業之金融調劑事項；
(九)關於棉業紡織業之人才訓練事項；

(十)關於棉業紡織業之調查統計事項；

(十一)關於棉業合作制度之提倡事項；

(十二)關於其他棉業紡織業事項。

棉業統制委員會成立之始，斟酌緩急，擬定實施計劃：一爲增加棉花生產，先使供求相應，抵補國內產額之不足，改良棉花品質，使能充二十支以上細紗之原料，以應紡織業之需求，改良植棉方法，防治病蟲害，及辦理產銷合作，以謀棉農經濟力之增加，施行取締棉花攙水攙雜，並辦理棉花分級，以剷除積習，樹立棉花貿易標準，因先成立中央棉產改進所及中央棉花攙水攙雜取締所及各省改進所，取締所；二爲改良紡織技術，實施各廠技術指導，辦理紡織之各項統計，乃與中央研究院合辦棉紡織染實驗館；三爲人才訓練，派遣高級人員出洋留學，開辦植棉及棉業合作訓練班，補助南通大學紡織科，江蘇省立蘇州工業學校，河北省立工業學院染織科，三校經費，充實其設備，完全其課程，以造就切合實用人才。該會歷年經費，二十三年爲一百萬元，二十四、五、六年，均爲六十萬元。至二十七年二月，因戰事，機關裁撤。

【中央棉產改進所】　中央棉產改進所於民國二十三年四月成立，所址南京孝陵街，所長孫恩麐、副所長馮澤芳，該所擔任各省共同需要及各省不能單獨舉行之工作外，並領導各省從事研究推廣工作，所內組織，分植棉、棉業經濟及棉花分級三系，棉作系分棉作股、附設研究室，棉蟲股，棉病股，棉化股，棉工股，附噴霧器製造工廠。棉業經濟系，分合作運銷及調查兩股，均附有研究室及統計室。棉花分級系附設研究室及棉花標本製造室，另設運銷總辦事處於上海，鄭州、渭南、咸陽設有運銷分處，辦理各省合作社，棉花運銷事宜。孝陵衛棉場地積三百零六畝，作細絨中棉德字棉育種及棉作棉病、棉蟲、棉作化學等試驗研究之用。東台、泰源育種地積二百五十畝，鼎豐育種場地積四百二十五畝，作金字棉繁殖。泰豐育種場，地積三百二十五畝，均作金字棉繁殖及肥料試驗之用。江浦、東台各有軋花廠一所，江浦廠有三十二吋軸軋機十二部，東台廠有軋花機二十六部，自二十四年七月起，該所兼辦江蘇省棉產改進事業，附設東台、鹽阜、徐州、江浦四植棉指導所。

【中央棉花攙水攙雜取締所】　棉花攙水攙僞，爲我國棉花市場之通病，影響對外貿易信用，危害廠商資本安全，且常致棉花市場價値貶低，商賈裹足，銷路不振，阻礙原棉之生產。棉花檢驗，實爲發展棉業必要之措施。我國檢驗棉花水分，以上海爲最早，淸光緒二十七年（西一九〇一年），上海外國紡織商與棉花輸出商合組協會，得上海道之允許，於上海附近各棉產地，設水分檢查所三十八處，光緒二十八年，上海道設驗水局，由我國自動防止攙水，惟方法不善，棉花攙水程度，反致增加，日商受損失最大，光緒三十年（西一九〇四年），日本紡織聯合會，遂於橫濱、神戶、門司、長崎設立華棉水氣檢查所，專查我國輸往棉花之水分，常有退回之棉，光緒三十三年，由三井、日信、隆村　東亞等公司，在上海設支那棉花水氣檢查所，辦理不善，於宣統元年停辦，宣統三年，上海禁止棉花攙水協會組設上海棉花檢驗所（The 'Shanghai Cotton Testing House'），規定凡棉花含水超過百分之十五者。絕對禁止賣買。施行以來，成績頗佳，天津棉花市場攙水弊害，不亞上海，而砂土之攙雜過之。宣統三年，天津歐美及日本商組織天津禁止棉花攙水會（Cotton Antiadulteration of Tientsin），該會於民國元年五月，設立棉花檢查所，濕度標準爲百分之十二。河北棉花聲望遂高，山東棉花攙水以外，常混入大塊砂土，遂於民國二年山東省長公署訓令濟南商會及柳城　臨淸等十四縣，實施山東棉花檢查，但內地棉商，敷衍遷就，無良好結果。民國十八年以後，上海、漢口、天津，靑島、廣州、寧波等商品檢驗局，對於出品棉花，加以檢驗，然尙未能普及棉產地，棉業統制委員會成立後，即擬訂取締棉花攙水攙雜條例，送經全國經濟委員會轉函行政院，陳經中央政治會議，核交立法院審議，呈奉國民政府於民國二十三年七月十日公佈，並於九月二十日明令定於十月一日爲施行日期。同時公佈施行細則，遂於是年十月成立中央棉花攙水攙雜取締所於上海，執行全國棉花取締事業，與各省合辦省取締所。其江蘇及上海市棉花取締事宜，則由該所兼領辦理，所長劉維熾、副所長葉元鼎。

【棉紡織染實驗館】　民國二十三年，棉業統制委員會與中央研究院合辦棉紡織染實驗館於上海。採用最新式設備，作研究機關。原定紡織染分期完成，第一期經費四十萬，成立紡織布工廠及實驗三部，計紗綫錠二千枚，力織機六十台，試驗儀器二十餘種，從事試驗國內外各種紡織原料，紗線布疋及其他紡織用品之性質，試紡各種優良紗線，並試驗各種標準織物，研究紡織機械之效率及工作方法之改進，館主任為聶光墉。

【中央農業實驗所】 中央農業實驗所成立於民國二十一年。棉作試驗事業，則於民國二十二年春季開始，舉行全國中美棉區域試驗，係由該所總技師洛夫所創始，分在全國十二處進行試驗。二十三年中央棉產改進所成立，兩所密切合作，棉作試驗研究，在整個計劃下，分工而不重複，二十三年份此項試驗，分在南京、南通、南匯、徐州、杭州、安慶、湖口、武昌、常德、重慶、柳州、濟南、高密、定縣、保定、鄭州、西安十七處舉行。兩年結果，顯示斯字棉四號(Stoneville No. 4)，德字棉五三一號(Delfos 531)，產量品質，均在脫字棉與愛字棉之上。民國二十四年及二十五年，棉業統制委員會向美國兩次輸進斯字棉德字棉種子，即係根據此項結果之指示。此外該所並舉行中美系統育種及中印棉雜交育種等工作。

各省設施：

棉業統制委員會與各省省政府合作，成立省棉產改進所，擔任各省試驗推廣及調查工作。試驗部份，設立試驗場及分場，面積各五百畝至一千畝，從事棉作育種及試驗繁殖。推廣部份，將全省劃分數個或數十個相當大小之指導區，每區包括三、四縣至七、八縣，各設植棉指導所一處，擔任全區指導工作。每一指導所，設繁殖種場一處，面積一千畝，接受試驗場或分場棉種，從事繁殖，其出產之棉種，分年供給棉種管理區，各農戶繁殖之用。在繁殖場附近，圈定棉田一萬畝或五萬畝，為棉種管理區，區內農戶之棉田須用同一棉種，其有破壞此制度者，請由地方政府制裁之。管理區內，設軋花廠一所，供區內農戶軋花之用，以防棉種混雜。籽棉及棉籽，不得擅自進出，違者亦請地方政府制止之。管理區內，既集中軋花，農民如須出售籽棉或皮花，即由指導所收買，或運銷處運銷，或由農民組織運銷合作社，在指導所指導之下，委託運銷處代為運銷。管理區及普通推廣區植棉指導技術，由指導所派員指導登記，分年換種，植棉方法，防治病蟲害，提倡鑿井、復河。同時並負檢舉區內棉花攙雜摻水情事。於軋花廠內，實行分級檢驗。各省設改進所者，有河北（因日寇擴行避免用機關名義，稱河北棉產改進會），山西、河南、湖北、江蘇六省。山東、甘肅範圍較小，成立植棉指導所。浙江、江西、安徽、湖南四省棉作試驗場，則未改組。因當時專重黃河流域恐同時並舉，力量分散，效力減少，故四省一仍其舊。

河北　河北棉產改進會，民國二十四年二月成立，分總務、技術兩部，周作民任會長，孫恩麐主持技術部，陳燕山、張益三、盧仲紹任技師，轄北平、天津、保定、霸縣、易縣、東光、南樂、邯鄲、南宮、晉縣、蠡縣、趙縣十二指導所。南苑棉場面積七〇〇畝，供斯字棉育種繁殖及栽培試驗。定縣棉場面積二〇〇畝，供斯字棉育種繁殖及栽培肥料試驗。滄縣棉場面積二六〇畝，供斯字棉育種及肥料試驗。邯鄲組有運銷合作社及軋花廠。部立正定棉業試驗場，在正定亦組有軋花廠。

山西　民國二十三年四月成立山西省植棉指導所，二十五年七月改稱改進所，所長沈文輔，後改由彭壽邦繼任，分總務、經濟、技術三股。轄臨汾、運城兩指導所，及文水、定襄、高平、長治、沁縣、和順、離石、榆次八指導區。安邑縣設有棉場一所，面積五〇〇畝，供脫字棉育種繁殖及栽培試驗之用。臨汾棉場面積五〇八畝，司斯字棉育種繁殖及栽培試驗。榆次棉場五〇〇畝，司金字棉育種繁殖及栽培試驗。

山東　山東省植棉指導所於民國二十六年四月在濟南成立。省立第一、第二棉業試驗場，仍舊未予歸併。

河南　河南植棉指導所於民國二十三年三月在太康成立，同年六月擴大爲河南省棉產改進所，所長胡竟良，副所長翁承周。內部組織分總務、技術、推廣、經濟四股。轄太康、安陽、鄭縣、洛陽、靈寶、商邱、禹縣、汝南、南陽、新鄉十植棉指導所，另有開封棉場，面積一一一畝，供斯字棉三號脫字棉育種繁殖及棉作研究之用。安陽棉場面積一、二〇〇畝，作斯字棉四號育種繁殖及栽培試驗，肥料試驗。太康棉場面積四一七畝，供斯字棉育種繁殖，鄭縣棉場面積三四八畝，作脫字棉育種及繁殖之用。洛陽棉場面積二二五畝，作斯字棉三號育種繁殖。靈寶棉場面積三三四畝，專供德字棉五三一號及靈寶棉育種繁殖及栽培試驗之用。洛陽、太康、杞縣各有動力軋花廠一所，軋花機各十部。安陽有軋花廠一所，軋花機三十部。鄭縣棉場有軋花廠一所，軋花機六部。各廠場附有打包機，及發電機，該所並於民國二十五年擬具棉種管理暫行規則，呈由河南省政府核准，即於二十六年在安陽棉場周圍劃設斯字棉棉種管理區一萬二千畝，陝縣大營劃置德字棉五三一號棉種管理區八千畝，洛陽象莊劃置斯字棉三號棉種管理區二千畝，實行管理棉種。同年在省境棉區內舉行化學肥料示範。安陽、太康、洛陽等處，舉行鑿井貸款、鑿井防旱。

陝西　陝西棉產改進所，民國二十三年四月成立，所長徐澄、副所長李國楨、童士愷，內部分總務、植棉、經濟三股，轄省東、涇惠兩植棉指導所，辦有棉場兩所，繁殖場三所，涇陽棉場面積五〇〇畝，供斯字棉育種繁殖栽培試驗及肥料試驗之用。大荔棉場一、〇〇〇畝，作德字棉七一九號育種繁殖及栽培試驗，咸陽、渭南、興平各有繁殖場一所，專作繁殖斯字棉四號種子之用。軋花廠有永樂、高陵、中西區、新市、武家屯、櫟陽、高橋、灞橋、未央、赤水十處，總共軋花機一百三十四部，清花機打包機發電機俱全，組有棉花運銷合作社，辦理運銷業務。民國二十六年，該所在涇陽棉場附近，劃設斯字棉四號棉種管理區一萬畝。

甘肅　甘肅植棉指導所，於民國二十四年成立，主任李子峯。

湖北　湖北棉產改進處，於民國二十四年成立，係湖北省政府設立，至二十五年七月，棉業統制委員會與湖北省政府合作，改稱湖北棉產改進所，所長袁輝，內部分總務、技術、合作三股。轄襄陽、天門、隨縣三植棉指導所，並於隨縣辦有棉場一所，面積一、〇〇〇畝，專作斯字棉、脫字棉育種及栽培試驗及肥料試驗之用。軋花廠共有太平店、雙溝、小河口、天門四處，共有軋花機八十部，清花打包發電等機亦全。

湖南　湖南省棉業試驗場仍舊，并於民國二十二年以十萬元在津市建設軋花廠一所，共有軋花機一百部，附有倉庫等設備。並育成澧縣七二號及常德鐵子一號兩種新品種。

江西　江西湖口農事試驗場，於民國二十四年改稱棉作試驗場，場長廖顯揚。

安徽　此期安徽始有棉豆試驗場，總改為棉作試驗場，場長殷天爵。

江蘇　江蘇棉產改進所，由中央棉產改進所兼領，已見前。

浙江　仍爲棉作改良場，場長初爲馮肇傳後由蕭輔繼任。

四川　中央棉產改進所與四川省政府合作，於民國二十五年成立四川省棉作改良場，派魏文元籌備。

雲南　雲南省政府於民國二十四年設立棉作改良場於濱川，進行棉作育種及栽培試驗工作。

貴州　民國二十六年貴州省政府於施秉成立棉作試驗場。

各省棉花攙水攙雜取締所，就各省棉花市場，分佈狀況，分爲若干區，每區設取締分所，分所下設各辦事處，及查驗處，進行查驗抽查，並代辦棉商登記，各省設取締所者，有江蘇及上海市棉花攙水攙雜取締所，由中央攙水攙雜取締所兼領，民國二十三年十月成立，計分所五，辦事處十五，查驗處五。河南棉花攙水攙雜取締所，民國二十三年九月成立，分所五，辦事處五，查驗處三。陝西省取締所民國二十三年十月成立，計分所五，辦事處一，查驗處三。山東省取締所民國二十三年十一月成立，計分所四，辦事處十三。湖北省取締所，民國二十四年一月成立，計分所十，辦事處四十三，查驗處一。湖南省取締所二十四年七月成立，計分所四，辦事處三，查驗處三。江西省取締所民國二十五年十月成立，計分所一，辦事處一。山西省取締所民國二十五年十月成立，計分所三十三，查驗處七。安徽省取締所二十五年十一月成立，僅有分所一所。

學校團體設施：

本期各項設施，須大量經費，且各校教授多調各省工作，以故各學校工作，不佔重要地位。湖北省於民國十九年，經石蘅青、蘇汰餘、張棫泉商同湖北紗廠聯合會及國立武漢大學，合組湖北省棉業改良委員會，楊顯東任總技師，成立第一試驗場於武昌。二十年復設第二試驗場於漢口，經費由紗廠籌措，棉業統制委員會成立後，該會仍舊存在，未併入湖北棉產改進所。民國二十四年，該會總技師由馮肇傳繼任。

民國二十年，卽有中華棉產改進會之組織，該會由各省棉作試驗場、中央大學、金陵大學、南通農學院，棉產省份建設廳、紗廠聯合會、棉業公會等機關團體合組而成。本期仍復存在，並加入中央農業實驗所、中央棉產改進所，每年開會討論一次，另出月刊及棉訊各一種。

二、本期工作述評

本期棉紡改良工作，由棉業統制委員會領導進行，自生產運銷以至紡織，三方兼顧，實爲棉業整個改進，非已往棉作改良可比。工作人員達一千餘人，生產方面，育種栽培，防治蟲病，土壤肥料，鑿井，防旱，棉花分級，取締棉花攙水攙粗攙雜，軋花打包，同時並進。換種良種，年在百萬畝以上。運銷方面，先後就蘇、豫、陝、晉、鄂等省提倡指導，組織棉花生產運銷合作社，達一千二百餘社，社員人數，達七萬餘人，社員棉田，近百萬畝，軋花廠二十餘所，運銷資金五百萬元。紡織方面，檢查紡織染廠設備，指示標準，棉紗檢定方法，研究成本會計，代擬整理或擴充計劃，計有津、滬、濟南、九江、沙市等處，共十七廠，紗錠一一七三、二六一枚，線錠八九、七三六枚，布機一〇、三九一台。指導改良土布，以振興農村副業均有成效可睹。全國皮棉產額，由民國二十一年之八百一十萬擔，至民國二十五年全國皮棉產額，已達一千四百五十萬擔，於原棉初步自給計劃，差能達到。棉花品質方面，凡二十支以至四十二支之原料，亦無待外求。民國二十五年，棉花入超僅七萬擔，是其明證。棉花取締工作；水分自百分之十六減至百分之十二，雜質則由百分之九減至百分之一。亦爲內外紗廠所稱道。

棉花改良工作範圍，遍佈產棉各省，對於中國棉區天然環境有新認識，棉區土壤調查，與地質調查，結果相符。中國棉區之劃分，已有初步之研究。

棉作育種、新增棉花區域試驗，斯字棉四號，德字棉五三一號之獲得，超過前期脫字棉愛字棉甚遠。並由棉業統制委員會兩次大量輸入純種，繁殖推廣。雲南木棉亦開始提倡。

栽培試驗；較之前期無若何進步，肥料試驗，則大規模進行，並證明氮素各地均感缺之。

推廣方面：規模較前三期爲大，每省推廣面積，每年均在數十萬畝至百萬畝，並開始作斯字棉德字棉眞正純種推廣，同時爲保持推廣良種之純潔，有棉種管理區之措施，在方法上，較以往各期爲進步，並已收得確實效果。

棉花病蟲害之種類與分佈，已有確切之調查，並發現棉叶切病爲盲椿象所致，火風病爲薊馬所致。殺蟲藥劑已用國產原料，自製烟草水防治棉蚜成功。推行已至數十萬畝。

軋花廠，各省棉產改進機關，普遍設立，運銷合作社普通組織，均爲以前各期所不及。

棉花分級標準，已初步製定，並爲棉花交易市場所採用。

人才訓練方面：棉業統制委員會，派遣高級人員多人，赴美留學。中央大學開辦植棉訓練班，金陵大學開辦棉業合作訓練班，南通農學院成立高級棉科職業學校。河南陝縣開辦高級棉科職業學校。凡此棉業人才之造就，均較前期爲多。

第四節 適應戰時需要棉業增產時期

我國棉花產地主要區域爲：冀、魯、豫、蘇、鄂、陝、晉，次要區域爲：皖、浙、贛、湘、川等十二省。據民國二十五年全國棉田面積爲五千六百萬畝。棉產重心偏於華北及東南沿海各省。機紡紗錠，據民國二十五年調查，全國共有紗錠五百萬枚（共五、〇二二、三九九枚；華紗廠二八五〇、七四五枚，日商紗廠一、九四四、五〇四枚，英商紗廠二二七、一四八枚），紗廠之分佈，尤密集於東北部，沿海蘇、滬、青島、天津各埠，內地甚稀。武漢兩地比較稍多，然不過二十三萬錠，織布機台民國二十五年全國共有五萬二千另九台（華商二四、八六一台，日商一三、一二七台，英商四、〇二一台），僅上海、青島、天津及江蘇省全境，即佔四萬三千三百四十二台，自民國二十六年「七七」及「八一三」事變發生，抗戰軍興，國民政府西遷重慶，冀、晉、魯、豫、蘇、浙、贛及鄂省之大部，相繼淪陷，棉田之陷在戰區者，佔百分之九十，紗廠之陷入敵手者，占百分之九十八，布機所餘，不過千台，幾於全失，產棉省份，僅餘陝西、湖南、四川三省，及河南西部各縣，湖北少數縣份，所有棉田，不過六百萬畝。西南廣西、貴州、雲南、廣西、福建等棉花棉紗及棉布生產，向即極度缺乏，而軍需民用，戰時之需要劇增。花紗布之增產，遂成迫切問題，工作乃至艱苦。本期始於民國二十七年，棉業統制委員會之撤銷，至其終期，應以抗戰勝利之時爲止，抗戰勝利以後，則爲我國棉業復興時期，顧本書執筆時爲民國三十一年，因暫以是年爲本期之終期。

一、設施　中央設施

【中央農業實驗所】　民國二十六年七月，棉業統制委員會改隸實業部，二十七年一月，實業部改組爲經濟部。該會於是年二月撤銷，其棉產改進工作，劃歸中央農業實驗所接收辦理。棉紡織研究工作，改由中央工業實驗所辦理，紡織工業管理，由經濟部工礦調整處辦理。花紗布運銷，則歸農本局辦理。於是戰時我國關於推行棉業政策之任務，遂分屬數個機關，中央農業實驗所於二十七年二月，增設棉作系，孫恩麐任系主任，接收中央棉產改進所，山西、河南、湖北棉產改進所，及正定部立棉業試驗場，負責進行棉作育種試驗及研究事業，並派員協助地方各省棉作推廣事業。棉花分級及取締攙水攙雜工作，則完全停止。是年並於四川遂寧，湖南常德，雲南濱川關地舉行美棉育種試驗及研究。湖南常德進行中棉育種試驗。河南靈寶棉場仍進行德字棉育種栽培試驗。派技正胡竟良技士張步雲、朱海帆、楊啓後駐四川，技正馮澤芳駐雲南，技士彭壽邦駐貴州，技士于紹傑駐西康，協助各該省辦理棉花增產工作。河南省則於靈寶設豫西棉麥推廣區，自辦棉花推廣，並自靈寶運德字棉五三一號棉種千擔，贈送四川省政府，供推廣之用。同年十一月，孫恩麐因改任湖南農業改進所所長，棉作系主任改由馮澤芳繼任，民國二十八年，該所於四川、西康、貴州、廣西、雲南五省，舉行西南棉花區域試驗，設木棉試驗場於雲南開遠，復由技正胡竟良自豫、陝輸入德字棉棉種四千三百擔，贈與四川省府在射洪、三台、蓬溪、中江、簡陽等縣推廣，並加派華興鼐主持研究工作。民國二十九年，乃於陝西涇陽關地進行斯字棉育種，派技正王桂五、俞啓葆主之，並協助該省在關中區進行大量斯字棉之換種、以增進棉產，同年復由川省運往德字棉種千擔，贈西康省府在西昌推廣。民國三十年復於陝西武功、涇陽，河南靈寶、洛陽舉行隴西段棉花區域試驗。自二十八年起，贈送四川大量軋花機，在雲南從事木棉研究及推廣，並於川、陝、豫三省劃設德字棉斯字棉特約良種繁殖場，及棉種管理區，以保推廣種之純潔，一方供戰時推廣之需，增加後方棉花生產，一方培養種源，供戰後復興我國棉業恢復淪陷區棉田之需。

【工礦調整處】民國二十六年秋，抗戰發生，中央設立工礦調整委員會。民國二十七年一月改稱工礦調整處，隸經濟部，處長翁文灝，副處長張慈闓，主要工作，督促工廠內遷，並於後方各省，扶助成立新廠。棉紡織工業方面，協助豫、鄂紗廠，將機械動力內遷入川建廠，如河南豫豐紗廠及沙市紗廠等，於二十六至二十七年間，遷移至四川。同時協助桂、湘、滇、陝等省增加新紗錠，布機台，及籌設新廠，以增加紗布產量，戰時後方各省能有數十萬紗錠，尤其四川在戰前並一枚紗錠而無之，今能有十餘萬錠，該處與有力焉。

【農本局】抗戰初起，中央設立農產調整委員會，購運戰區棉花爲其業務之一。及民國二十七年，改組爲農業調整處，併入農本局，該局遂兼負運銷花紗布之責。時接近戰區棉花產地之棉產，商賈裹足，銷路阻滯，花價大跌，農業調整委員會於民國二十六年冬，派員收購上級花僅給價二十五元，花價反較戰前爲低。至二十七年給價亦復如是，農民植棉利益極低，因而後方棉區棉田漸減，且當民國二十七、八年間，內遷紡織工廠，機械尙未裝置完成，用棉不多，而陝、豫、湘、鄂、浙各省之棉花，產額尙多，一般社會，甚至主事者之心理，祇覺紗布來源之困難，而於棉產之是否足用，多以爲不成問題。甚且高倡陝棉存量太多，棉產過剩之論調。農本局此時之工作，多注意自上海等地輸入紗布，對於原棉之貯備，自民國二十六年九月至二十九年五月，僅購進棉花五十餘萬擔，除供給各方外，實存數量三十萬擔而已。及後產地棉花稍漲，又以交通困難，該局每年收購棉花之數極微，自三十年起，復將存棉拋出，自民國三十年起，糧價上漲，棉價仍舊，棉田繼續大減，而浙、鄂棉區又失，原棉來原稀少，棉花增產始爲社會人士所認識，對於紗布方面，該局除自上海輸入紗布外，自民國二十八年國民參政會第四次大會後，發動後方農村婦女從事手工紡織，藉增紗布產量。

各省設施：

陝西　抗戰發生後，該省當局以該省棉產重要棉產改進所仍舊存在，至民國二十九年，陝西農業改進所成立，始將棉產改進所併入，棉產改進工作，為該所主要任務。民國二十九年，該省斯字棉換種面積八十五萬畝，三十年達一百另二萬畝，純種棉種推廣面積之廣，以該省為最。

河南　民國二十七年至三十一年，豫陝縣、靈寶、閿鄉植棉改進由中央農業實驗所豫西棉麥推廣區任之，民國二十九年河南農業改進所成立於洛陽，辦有棉場一所，並在洛陽繁殖及推廣斯字棉三號棉種，靈寶及陝州閿鄉推廣德字棉五三一號。

湖北　湖北省政府於民國二十七年三月，改組湖北省棉產改進所為棉作改良場，場長楊顯東，至二十八年停辦。

湖南　湖南棉業試驗場，於民國二十七年三月併入湖南農業改進所，所長孫恩麐，除換湖棉區維持現狀外，並於湘西沅陵、芷江等處，設站推廣植棉，軋花廠則因接近戰區，停止辦理。

四川　民國二十七年四川省農業改進所成立，所長趙連芳，棉作試驗場改隸該所，因後方需棉甚殷，開始擴大棉產改進工作，場長常惠仁，副場長杜春培，除遂寧總場進行育種及栽培試驗外，並於簡陽、榮縣、瀘縣、南部、奉節設有棉花區域試驗場五所，舉行品種試驗，及栽培試驗。是年自河南購運脫字棉種三千擔，接受中央農業實驗所德字棉一千擔，中棉一千五百擔，農本局脫字棉種一千擔，分在射洪、中江、蓬溪、安岳、潼南推廣種植，並開始防治棉蟲。民國二十八年組設射鹽、中蓬、遂錦、安潼、簡資、榮威、宜瀘、南儀、奉雲等植棉指導區，復接受中央農業實驗所贈送德字棉種四千三百擔，連同上年收買棉種分別劃定德字棉脫字棉推廣區域，大量推廣，派員長期駐鄉指導，栽培技術，防治棉病蟲害，並辦理軋花運銷，防止棉種混雜，管理民營軋花車，是年場長改由李國楨繼任。民國二十九年以後，並於三台、射洪、蓬溪、南部、榮縣劃撥德字棉脫字棉種管理區，及特約良種繁殖場，以保推廣種之純潔。該場現有軋花車四百部，動力鋸齒軋花機一部。民國三十一年七月，四川省政府將辦理推廣手紡織工作之棉紡織推廣委員會，併入該場，改稱四川省農業改進所棉業改良場，場長為胡文元。

西康　民國二十八年西康省政府在西昌設立農事試驗場，舉行棉作試驗，並於西昌推廣小量脫字棉，民國二十九年該場接受中央農業實驗所贈送德字棉五三一號棉種一千擔，在西昌附近推廣。

貴州　貴州農業改進所，於二十七年二月成立，所長皮作瓊，貴陽、施秉兩處，均辦有農場，進行棉作育種試驗工作，並推進棉花增產事業，民國二十九年曾接受中央農業實驗所贈送脫字棉五十擔，在施秉等處推廣。

雲南　省立濱川棉作試驗場，繼續存在，舉行育種及栽培試驗，並於民國二十八年組織木棉推廣委員會，辦理木棉推廣工作。民國三十一年雲南棉麻改進所成立，上述機關，均改隸該所，所長熊廷柱。

二、本期工作述評

本期棉業增產工作，分由數個機關，辦事事權欠統一，此與上期完全不同。

本期棉作改進工作人員，不過數十人，而生活艱苦，均能楔而不舍，排除萬難，努力以赴，實爲難能。此期中央農業實驗所，於後方棉作增產貢獻甚大，大量在川、陝、豫等省推廣純系德字棉、斯字棉。四川秋雨影響棉作問題，已有詳細之研究，雲南木棉之提倡，美棉新品系已有育成，西南棉區及棉種更有新認識，棉種管理區之劃置，爲戰後恢復棉田種源之準備。皆其最大之成就也。

本章參考資料

(1)農商公報，北京農商部出版，民國三年創刊。
(2)棉作展覽會報告，南通農業學校出版，民國四年。
(3)華商紗廠聯合會季刊，上海華商紗廠聯合會編輯，民國八年創刊。
(4)穆湘玥：穆氏棉植棉場報告，民國八年。
(5)農商部部立第一、二、三、四棉業試驗場報告。

(6)紡織時報，上海華商聯合會編輯，半週刊。

(7)過探先：植棉場總報告，華商紗廠聯合會刊，民國九年。

(8)棉產統計，華商紗廠聯合會刊，年刊民國八年創刊。

(9)年會報告書，華商紗廠聯合會刊。

(10)庚申植棉試驗錄，整理全國棉業籌備處刊，民國九年。

(11)農業叢刊，國立東南大學農科編輯，民國十年創刊，僅刊四期。

(12)全國棉場聯合會年會報告，民國十一年。

(13)郭仁風：金陵大學棉作改良部報告，南京金陵大學刊印，民國十年。

(14)張巨伯：南匯奉賢二縣之棉花造橋蟲調查報告，東南大學農科刊印，民國十年。

(15)孫恩麐：改良推廣中國棉作應取之方針論，東南大學農科刊行，民國十年初版，十二年再版。

(16)孫恩麐等：東南大學農科與中國棉業，東南大學農科刊印，民國十一年。

(17)農學，東南大學農科編輯，月刊，民國十二年五月創刊，刊至第三卷五期。

(18)江蘇棉作試驗場報告，民國十七年起。

(19)浙江棉作改良場報告，民國十七年起。

(20)山東第二棉業試驗場報告，民國十七年起。

(21)湖南棉業試驗報告，民國二十年起。

(22)中國棉產改進統計會議專刊，中華棉產改進會刊印，民國二十年。

(23)中華棉產改進會月刊，民國二十年八月創刊，共刊三卷。

(24)棉業，湖南棉業試驗場出版，民國二十二年八月創刊，共出一卷六期。

(25)棉產改進事業工作總報告，棉業統制委員會專刊第一、二種，民國二十三、四年。

(26)農報，中央農業實驗所出版，旬刊，民國二十四年至民國三十一年。
(27)河南省棉產改進所工作總報告，河南省棉產改進所刊印，民國二十三年至民國二十六年。
(28)鄂棉，湖北棉業改良委員會出版，民國二十五年七月創刊，月報，出至二卷三期。
(29)浙棉，浙江省棉業改良場出版，月刊，民國二十五年一月創刊，共出二卷。
(30)棉業月刊，棉業統制委員會出版，民國二十六年一月創刊，出至第七期。
(31)農林新報，金陵大學出版，戰後刊本。
(32)西南實業通訊，西南經濟研究所出版。
(33)農產促進委員會報告，重慶。
(34)農本局業，報告。
(35)馮澤芳：民國以來吾國棉作改良史略，國立西北農學院農藝學會叢刊一，油印本，民國二十九年七月。
(36)支那棉花獎勵誌，日本國際協會發行，昭和十年。
(37)胡竟良：四川植棉新希望，農報五卷十——十八期。

第三章　棉作試驗研究之成績

第一節　中國棉區之研究

一、中國棉區之劃分　我國產棉區域分佈至廣，北達遼寧、熱河，南極瓊島，西至甘肅、新疆，東至於海。主要產區則在黃河、長江及其支流之兩岸沖積平原及濱海區域。尤以黃河下游長江氾濫區及大江三角洲為最主要。東南濱海邱陵區，西南高地區，及珠江流域，則僅在河谷沿邊，有少許生產，不足自給。中央農業實驗所馮澤芳氏民國二十九年根據氣候、土壤、農情，棉作區域試驗，棉種之適應性等研究，分全國為三大棉區：

(甲)黃河流域棉區　北以長城為界；南以秦嶺、伏牛山、淮水為界；東以海為界；西以六盤山為界。包括陝、晉、冀、魯、豫五省棉區，及蘇、皖二省淮水以北部份棉區。

(乙)長江流域棉區　北以秦嶺、伏牛山為界；南以五嶺為界；東以海為界；西以四川盆地之西南高山為界。包括川、鄂、湘、贛、皖、蘇、浙七省之棉區。

(丙)西南棉區　北自大渡河經黔省中部之分水嶺，以至五嶺；南至海南島；西至雲南西邊國界；東至閩南海邊，包括滇、桂、粵全省，西康之西昌部分，黔省之南部，閩省之南部。

上述三區，每一區棉種移至他區種植，產量常有減低之趨勢。此一原則對棉作育種及推廣有極大之應用；如河南如遇荒年，只能向陝西或河北省購買棉種，而不能向湖北購買，否則產量不如本地棉花；又如在黃河流域所育成之棉種，只能在黃河流域推廣，而不能在長江流域推廣。

(二)棉區土壤之研究　全國棉區土壤多為沖積土。主要為黃河、長江、淮水及其他河流沖積而成；間亦有由於淤積而成者，如鄱陽、洞庭湖濱及巢湖一帶之棉區是。黃河流域除沖積土外，有一部份風積灰土混雜其間。黃河流域多爲含石灰性之冲積土。長江流域多爲無石灰性冲積土。江蘇濱海墾區，及河北之鹹地爲黑鹼土，河南、陝西則多有白鹼土。棉之抗鹽力強，諺有「無鹼不生花」之謂。在鹹土內，棉花爲理想之經濟作物。長江流域中上游紅土地帶，酸度小至六以下，不適於棉作。棉區土壤酸度據中央棉產改進所楊守珍等之分析，趨向於鹹性，PH 僅在 6.8—8.5 之間；黃河流域棉區，因雨量稀少，溫度較低，且土壤含有石灰質及鹽分，含酸度較長江流域棉區爲低，PH 値約在8以上；長江流域棉區，無石灰性及冲積土及山崗土壤，酸度多在 PH 6.5—7.5 之間；但在長江沿岸及濱海之地，土壤含石灰質及鹽分，PH 値亦有在8以上者；西南棉區之土壤，大部爲紅壤，酸度較高。

土壤中三要素之含量，據中央農業實驗所及中央棉產改進所楊守珍、朱海帆等分析之結果；長江流域棉區土壤中含氮量多在○・一—○・一三%，黃河流域之含量較低，在○・一%左右，顯示全國棉區土壤氮肥甚感缺乏；磷素之含量，黃河流域棉區在○・一五%，長江流域棉區在○・一五%以下，亦感缺乏；鉀素含量，均在○・三—一・○%左右，比較不感缺乏。鹹土區域，棉田土壤含鹽分均在○・一%以上，亦有高至一—二%者。但此等土壤，不宜植棉，其成分，黑鹼土爲氯化鈉，白鹼土爲硫酸鈉。據中央棉產改進所及各省棉產改進所所有棉場舉行肥料試驗分析之結果，氮肥亦感缺乏，尤以黃河流域棉區爲甚；在冀、魯、豫、晉、陝諸省，均得相似之結果；長江流域棉區，川、鄂、皖、蘇等省情形亦同。磷肥與鉀肥試驗結果，均不顯著，又據三要素適量試驗之結果，每畝施三—六斤氮肥，產量有顯著之增加。

第二節　中國栽培棉種分類之研究

中棉棉種之分類，創始於東南大學農科，民國九、十兩年，徵集冀、魯、晉、豫、浙、蘇、皖、湘、粵、桂十二省棉種七十九種，舉行觀察研究。民國十二年由王善佺、馮澤芳依華德氏 (Sir George Watt) 之分類法，發表中棉之分類一文，以棉葉分裂形態，分爲普通中棉 (G. Nanking)，及雞腳棉 (G. arboreum) 兩種，兩種中又以花之色澤分爲數亞種：

- 中棉
  - 雞腳棉 G. arboreum.
    - 黃花雞腳棉 G. a. var. neglecta
      - 無紅心—青莖
        - 光子…南通青莖雞腳棉
        - 毛子
      - 有紅心—紅莖
        - 光子
        - 毛子
        - （以上各支：南通雞腳棉）
    - 白花雞腳棉 G. a. var. rosea
      - 無紅心—青莖—毛子
      - 有紅心—紅莖
        - 光子
        - 毛子…廣東新造棉
  - 普通中棉 G. Nanking type
    - 紅花中棉 G. n. var. rubicunda—有紅心—紅莖
      - 光子…南通中棉
      - 毛子
        - 白纖維…江陰紫莖紫葉白棉
        - 棕纖維…浦東紫花棉
    - 黃花中棉
      - 無紅心—青莖
        - 光子—青莖南通棉
        - 毛子—常熟綠子中棉
      - 有紅心—紅莖
        - 光子
          - 白纖維—孝感棉
          - 棕纖維—川東邱縣紫棉
        - 毛子
          - 白纖維—江陰白籽棉
          - 棕纖維—江陰紫棉
    - 白花中棉
      - 無紅心—青莖
        - 光子…海門小白花棉
        - 毛子…曲沃青莖棉
      - 有紅心—紅莖
        - 光子…海門小白花棉
        - 毛子…館陶紅莖棉

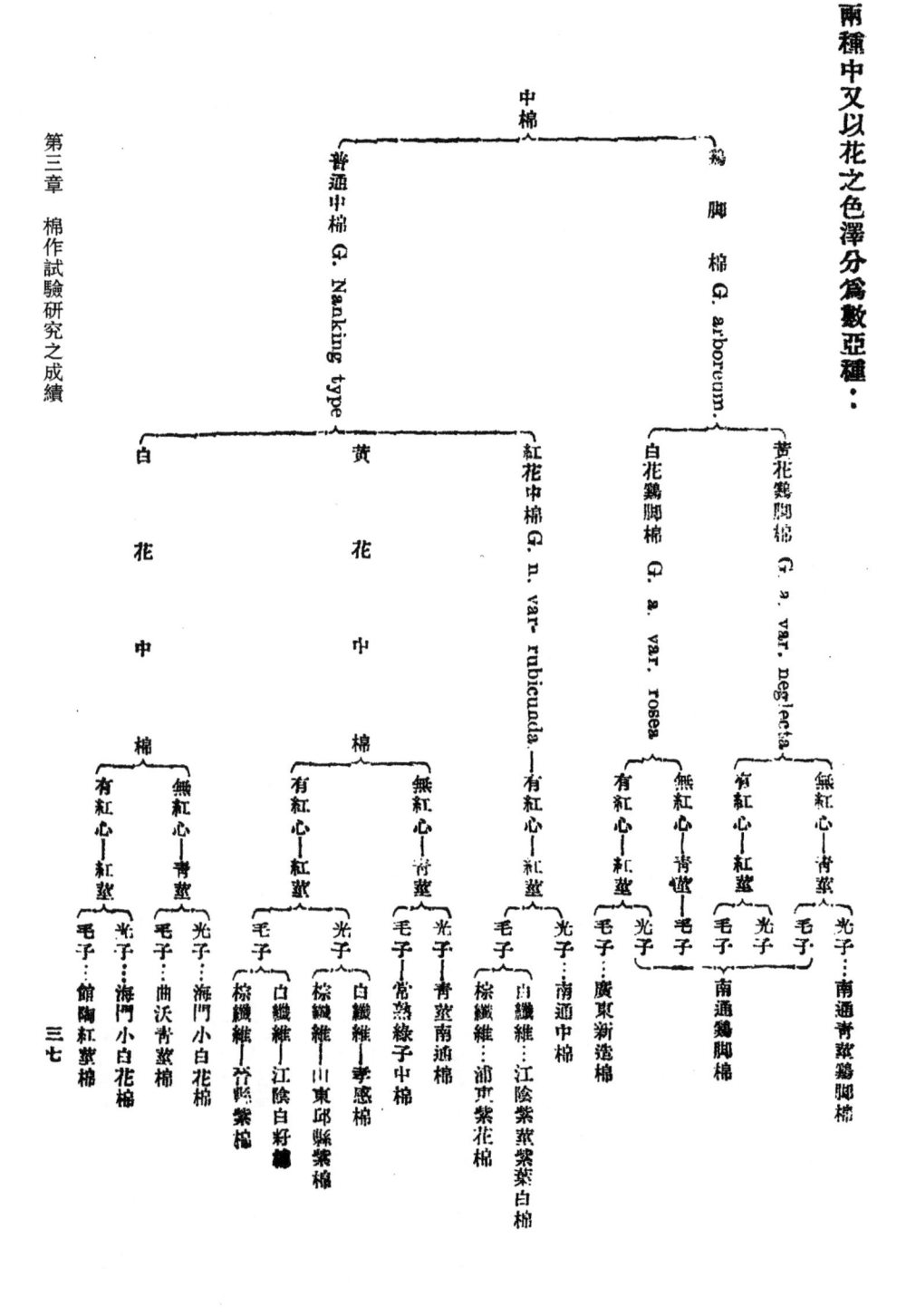

依上述之記載：凡紅莖者，其花瓣之基部均有紫色斑點。民國二十一年中央大學農學院俞啓葆發表中棉新品種一文謂：民國十八年秋，該校馮澤傳在南通劉海沙採取一種棉種，經俞啓葆三年之觀察，該種爲一黃花、紅莖、黃心（即無紅心）；實普通棉之新種，而爲王、馮及華德氏所未見者。

民國二十八年中央大學農學院俞啓葆於甘肅發現該省栽培之中棉中，有草本棉一種（G. herbaceum. L）。中央農業實驗所奚元齡民國二十八、九年間，在雲南觀察中棉品種之結果，發現中棉多年生型——如元謀小木棉。——張錦泉亦於福建永安發現多年生中棉之栽培。

雲南木棉爲多年生型，據中央農業實驗所馮澤芳之觀察爲埃及棉 G. barbadense, L）。該省並有連核木棉一種（kidney cotton）。中央農業實驗所于紹傑在西康西昌亦發現該種。華德氏之世界野馴棉種一書，即已述及，曾在我國南部發生，可證栽培歷史之久遠。

美國陸地棉之輸入我國，始自清季末年，前已述及。此外據奚元齡之觀察，粵、桂等省間有短日照性棉種之發現——如鬱林美棉——應屬於 G. purpurascons Poir，確否尚待研究。

據上已發現之棉種，依據 S. C. Harland 之分類法，我國棉種可分爲如下之五類：

（甲）中棉或木本棉（G. arboreum Linn）——普通中棉 G. a. var. Nanking）爲其亞種，普遍全國，多年生型分佈於雲南、西康、金沙江兩岸及福建永康，元謀小木棉即其代表種也。

（乙）草本棉（G. herbaceum Linn），分佈於新疆南部及甘肅西部，他處未見之，金塔棉即其代表種。

（丙）美棉（G. hirsutum Linn.），如脫字棉、愛字棉　金字棉、斯字棉、德字棉等，遍佈於全國，黃河流域棉區幾完全代替中棉。

（丁）木棉（G. barbadense Linn），均多年生，分二種，一爲連核木棉（G. lapidcum Tussac），分佈雲南及西康寧屬各縣及廣東瓊州島等地。一爲離核木棉（G. peruvianum Cav.），分佈雲南南部之思普，西康西昌附近各縣。

(戊)短日照性棉(G. purpurascense poir)，粵、桂等省間有之，如鬱林美棉。

第三節　中美棉品種之適應試驗

民國初年，政府提倡植棉。數度輸種美棉；顧何區宜於美棉？何區宜於中棉？宜於美棉區域，以何種美棉品種爲宜？中棉區域，以何種中棉品種爲宜？盲然無知也。時國立棉業試驗場曾舉行品種試驗，成績不著。民國七年，華商紗廠聯合會得美國農部史文格(W. T. Swingle)之介紹，延請顧克氏(O. F. Cook)來華指導棉作改良。顧克氏於東來之前，選寄美國農部標準品種八種，分在上海、南京、武昌、漢口、鄭州、保定等二十處，舉行品種試驗，顧克氏於民國八年八月至滬，分赴各地觀察。結論謂：民國八年以前之品種試驗方法不合，立即放棄。純系育種工作應行開始，八種標準品種中，以脫字棉最宜於中國棉區，愛字棉次之；以此民國八年至民國二十一年十餘年間，國內美棉改良，僅從事於脫字棉及愛字棉之育種馴化，未再引進新種作適應試驗。民國二十二年中央農業實驗所總技師洛夫(H. H. Love)始徵集中美棉種三十一種，分在蘇、浙、皖、贛、鄂、陝、魯、湘、豫、冀等省舉行中美棉區域試驗，二十四年後，由馮澤芳任此項工作，幷與中央棉產改進所合作；至民國二十六年停止，前後凡五年，結果顯示：斯字棉四號(Stoneville No. 4)在黃河流域十五處試驗之成績平均(五年平均)每畝增產籽棉一〇・六五—六六・七六%，德字棉五三一號(Delfos 531)在黃河流域之試驗成績，稍次於斯字棉；惟在長江流域之平均產量，比其他品種爲優；二十三年十處試驗，平均產量增收籽棉一四・八七%。民國二十八年中央農業實驗所，復於四川、西康、貴州、雲南、湖南、廣西七省舉行西南棉花區域試驗，至民國三十年停止，試驗結果顯示：

(甲)中棉：(一)滇、黔棉種莖紫多毛，抗畸形病力強，成熟遲，爲其通性。滇省濱川、婆兮，兩種莖色深紫，葉色濃綠，節間長，植株特高。黔種施秉中棉，具倒伏性。(二)川、湘棉種，莖葉少毛，類均受畸形病，惟有輕重之別。浦市山花，莖葉毛亦多，受畸形病極輕，類似雲、貴品種。川種，葉色淡綠，顯然可分，衣分較低。(三)籽棉產量，因中棉適應性低，常以本省品種爲高，就地點言，則又常以當地品種之產量較高。(四)滇、黔、桂棉種，生長情形，與川、湘棉種顯然有別，確應分隸兩棉區，川、湘不宜向黔、桂棉區大量引進中棉棉種。

(乙)美棉：(一)桂省玉林、武宣兩種，節間稀長，枝葉密茂，開花遲緩，徒長少，結鈴細小，在川生長甚劣，不適宜長江流域環境；莖毛多，抗畸形病力強，未受畸形病及莖枯病，顯具西南棉種之特性。其他黔、滇種，除仁懷美棉，莖毛稍多外，別無何異。(二)賓川美棉，在川、湘生長佳良，成熟甚早，鈴多，產豐，品質較改良品種稍遜。(三)德字棉五三一號，在川、康產量、品質，均刊前茅。福字棉(Foster strs. 6)及湖南澧縣七十二號，在川、湘多處表示豐產，爲有希望之品種。(四)珂字棉(Coker's 100 strs. 2)，爲民國二十八年自美國徵集加入試驗之新品種，試驗期間，在四川之遂寧、南部、簡陽等地，表示產量僅稍次於德字棉，衣分則較德字棉爲高，纖維細柔，爲值得注意之新種。

棉種之適應性，美棉品種以早熟種適宜於我國。大鈴品種均不適宜於我國環境。美棉品種在我國栽培較久者，爲金字棉、愛字棉、脫字棉，金字棉分佈於遼寧、河北、山東及江蘇鹽墾區，脫字棉之適應性較大，遍佈於全國。四川、湖南、雲南、西康棉區，以脫字棉之退化種爲主，在各地產量皆稱中平，至今仍不失其重要性，尤以黃河流域爲最重要，今將爲斯字棉代之。愛字棉曾在南京附近推廣，其地位已由德字棉代之。斯字棉適於黃河流域；自民國二十六年由棉業統制委員會開始推廣，分佈於河北、陝西、河南、山西等省。德字棉宜於長江流域；在黃河流域，亦不失其優越性，更足見其適應性大；於民國二十六年與斯字棉同時推廣，分佈於皖、鄂、湘、贛、川等省，及河南之陝州、靈寶、閿鄉，陝西之漢中、及西康之西昌一帶。

中棉各品種之適應區域，視各種型而有不同。各型之適應地域，終不若美棉之廣，各時均以當地棉種爲佳。中棉型之叢型棉，分佈於鄂西南、豫東、皖東北、蘇西北等地，大鋼花爲本型之代表。多毛型爲我國西南棉區各省棉種之特性，淺綠色棉型，爲四川省內之棉型。普通性棉型，遍佈於長江、黃河流域各省棉區，江陰白籽為其代表。黃河流域，美棉已取中棉而代之，長江流域，因天然環境及農制複雜，一部份地區，中棉仍不失其重要之地位，西南棉區，為推廣長絨種及埃及棉、海島棉、木棉最有希望之區域。

輸入我國美棉品種最重要者，如愛字棉、脫字棉、斯字棉及德字棉四品種，茲述其要略如次：

(甲)愛字棉：愛字棉(Acala)為美國農部 G. N. Collins 及 C. B. Doyle 於一九〇六年自墨西哥愛卡拉地方輸入 Arknasas 洲育種，繼移田納西(Tennessee)洲及奧克拉何馬洲(Oklahoma)，適應性頗強，低地與高地均宜生長。株高二一五呎，果枝節間短而細，葉中等大，裂片長銳，色深綠，鈴中大，長卵形，尖短鈍，約七、八十枚得籽棉一磅，苞葉短小，不及成長鈴之半，果柄長，鈴間下垂，籽中等大，每磅棉籽四千粒，纖維長 $1\frac{1}{16}$—$1\frac{3}{16}''$；籽白色，衣分三三—三七%，成熟中等。民國九年輸入我國，推廣於蘇、皖等地。

(乙)脫字棉：為美國田納西洲農事試驗場卜數授(S. M. Bain)於一九〇五年自 Chester 縣之 Lucke Trice 農場所選之單株，原種來自 Missouri 洲。本品種，成熟特早，適應性極強，株高二一五呎，緊密，近於叢生性，葉枝少，果枝多，長度適中，節間短，葉淡綠色，鈴中大，卵圓形，每七十至八十鈴得籽棉一磅，籽中小，棕褐色，每磅有籽三千六百粒，纖維長 $\frac{15}{16}$—$1\frac{1}{16}''$；衣分三一—三三%。民國九年輸入，推廣魯、冀、陝、豫、蘇、湘等省，栽培頗廣。

(丙)斯字棉：斯字棉(Stoneville)乃美國米西西比洲(Mississippi)農事試驗場德爾他(Delta)分場波郎技師(H. B. Brown)於一九一五年自隆字棉六十五號(Lone star 65)純系中選出，隆字棉六十五號，來自台格撒斯洲(Texas)。據波郎之觀察，該品系在台格撒斯洲，已與脫字棉天然雜交，故含有脫字棉早熟性狀之血統，斯字棉一般性狀，生長繁茂，枝葉散放，植科較短，具三一五枝葉枝，鈴大而圓，多五室，籽大，成熟與脫字棉相等，品系甚多，各品系性狀稍有不同。斯字棉四號(Stoneville. 4)，自斯字棉一號選出，植科矮而繁茂，成熟極早，鈴大，每五十五至六十五鈴得籽棉一磅，衣分三三—三五%，纖維長 $1\frac{1}{32}$—$1\frac{3}{32}$″，抗風雨力強，適宜於我國冀、魯、豫、陝、晉南、蘇北等處。民國二十四年及二十五年棉業統制委員會，自美國兩度輸入種子，分在冀、豫、晉、陝繁殖。民國二十七年以後，在陝西關中及豫西洛陽一帶推廣，每年栽培面積達一百萬畝以上，尚有斯字棉三號一品系，亦係民國二十四年輸入，植科生長力強，中熟，每六十五至七十五鈴得籽棉一磅，鈴尖稍鈍，衣分三五—三五%，纖維長 $1\frac{1}{16}$″；豐產，抗風雨力強。此品系鈴稍小，成熟稍遲，但其優點，為衣分高，生長力強，適於瘠薄地區栽培，抗枯萎病能力亦較四號為強。

（丁）德字棉：德字棉 (Delfos)，亦美國米西西比洲農事試驗場德爾特分場育成之品種，波郎技師於一九一六年自福字棉一百二十號 (Forter 120) 棉田所選出。在 Mississippi 及 Arkansas 洲之冲積平原栽培極廣，本品系之優點為：成熟甚早，生產力強，植科低矮，散放，枝幹比較細弱，果枝長而多，葉小，灰綠色，苞葉具齒，鈴小，狹卵形，尖銳，四室至五室，每七五—八五鈴得籽棉一磅，籽小，被灰色短絨，絨長 $1\frac{1}{8}$—$1\frac{3}{16}$″；衣分三一—三四%，易染枯萎病，宜於新墾之肥沃冲積土。此品種來源於福字棉，而福字棉之來源，乃美國農部桑兜氏 (D. A. Saunders) 於一九〇四年在台薩斯洲 (Tessell) 地方，用德勝棉 (Triumph 及朝陽棉 (Sunflower) 雜交，至一九〇九年，稍有小量種子，命名為福字棉。德字棉品系亦有多種，德字棉五三一號 (Delfos 531)，係由 Delfos 6102 選出，植株中等高，每七五—八六鈴得籽棉一磅，絨長在川澤地為 $1\frac{5}{32}$—$1\frac{7}{32}$″；在山地為 $1\frac{2}{32}$—$1\frac{5}{32}$″；衣分在川澤地三二—三三%，在山地三三—三四%，成熟早，為抗風雨之品種，川澤地山地皆宜，在我國適應力較斯字棉四號為強，適於蘇、皖兩省，四川之中北部，西康之西昌，陝西之漢中，豫之靈寶、陝縣、閿鄉一帶。民國二十四年棉業統制委員會自美輸入種子，分在南京及河南繁殖，民國二十七年以後，分在豫西靈寶，陝西漢中，四川涪江及沱江流域及西康之西昌一帶推廣，栽培面積每年已達七十萬畝。民國二十四年尚同時輸入德字棉七一九(Delfos 719)一系種子。此品系亦係自 Delfos 6102 所選出，爲德字棉中之唯一大鈴品系，植科矮小，緊密；鈴圓而大，六至七鈴得籽棉一磅；衣分三四—三六%；纖維長 $1\frac{1}{8}''$；成熟早；爲抗風雨品種。

第四節 棉作育種

【美棉馴化】 我國自清季及民國初年，曾數次輸種美棉，因輸種之品種旣未經試驗，復不知去僞選良，使馴服當地風土，均告失敗。民國九年東南大學、金陵大學，始輸種純種脫字棉及愛字棉，加以馴化，然後推廣。美棉之馴化事業 Acclimatezation，實肇於是。主其事者，東南大學爲孫恩麐，金陵大學郭仁風。當脫字棉愛字棉初次輸種時，孫恩麐曾親率學生在該校江蘇、湖北及河南等省棉場，舉行去劣；嗣後始終未斷，至今我國有較純之脫字棉愛字棉供給，孫氏之功也。

【系統育種】 我國採用單本選種，選擇法(Individual plant selection)，從事中美棉育種，實自東南大學倡之；主之者爲孫恩麐、過探先、王善佺、葉元鼎等。當時對於選擇單株標準，室內攷種方法，決選標準，田間試驗程序，分選株初、二、三次遺傳試驗，品系比較，純系隔離繁殖，純系推廣等，王善佺曾作有棉作純系育種一書，言之甚詳，至民國十八年復增選鈴，及自花受精，及另設種子區三項，全國各棉場均奉爲圭臬。民國二十四年中央農業實驗所曾根據中央大學農學院棉作田間試驗程序，加以修正，中美棉系統育種方法，乃稱完善。中美棉系統育種，爲選鈴、選株、鈴行、株行、五行、十行及高級試驗；自鈴行起，實行自交；自五行試驗起，各系另設種子區。試驗區行長及中美棉之株行距，均有規定，鈴行、株行嚴行去劣，不計算產量，注意品質之考察。五行十行試驗，品質與產量並重。

棉作室內攷種，係考察籽棉之經濟性狀。最早計劃室內攷種者，爲東南大學王善佺，并發明衣分、衣指、籽指、檢察表；現時國內各處實行之考種法，皆淵源於是。民國二十四年洛夫主張棉作育種程序中，考種似不必注重，而產量之比較應視爲品系淘汰當選之第一要件。國內棉場，頗有廢止此項工作者，胡竟良曾爲文辯正，指出偏重產量，忽略品質之不當，歷舉諸家試驗結果，證明根據品質選擇之可靠，與考種項目應由簡而繁，力主增加末子一項（Motes）；現已被普遍採用。考種取樣，據彭壽邦之研究，測定纖維長度，至少須用十粒籽之平均數；求衣分須用三十籽，測量籽棉纖維方法，通常用左右分梳法，近美國間有採用皮棉手扯法（Stapling），以節省時間者。據胡竟良之研究，分梳法測量之長度，其準確性與 Clegg 之有效長度（Effective length）無大差異，仍可應用；手扯法所獲得之長度，極不可靠，不可應用於考種；王善佺所定之同籽差、異籽差，爲測定纖維整齊度之標準，凡同籽差在三公厘，異籽差在六公厘以上者，均爲不整齊，極不可靠；據胡竟良之研究，凡高級試驗，品種、品系較少者，考查纖維整齊度，可用 Clegg 之短纖維百分率，及廢花百分數測定之。

棉作育種田間試驗之規劃，据䕫輔試驗之結果：「三行區爲最理想之小區面積；如地積不足，初級試驗可用單行；單行行長，不必超過二十尺；小區面積如爲長形，則較長之方向，最好與土壤差異較大之方向平行；試驗區四週，必須設保護行；缺株足以影響產量，但在一四—一六%以下時，缺株之影響不顯著；增加重復區數，比擴大小區面積爲有利，重復五次已足；若爲單行，亦可重復十次。」程侃聲等研究棉作田間試驗技術之報告：「隨機排列之區塊面積若增大，則試驗差異亦必增加；方形區塊，較長形區塊爲佳；試驗差誤，以狹長形單區較方形單區爲小；增加單區面積，減小差誤之程度，不及增加重復次數爲有效。」

應用系統育種，育成之改良品種，略舉其重要者如次：

（甲）改良青莖鷄脚棉　東南大學於民國十年向南通大學購得鷄脚棉，經孫恩麐、王善佺着手純化及選擇，所選單本，均行自交，至民國十五年共得 B. 105, B. 111, B. 204 三品系，本種性狀：青莖、黃花、黃心；

高二尺至三尺許；葉枝少，果枝多而短；葉裂逾三分之二；鈴小，三百枚得籽棉一斤；纖維潔白，長$\frac{7}{8}$—1"；衣分三八—四〇%；籽小，光黑；其特點爲成熟極早；株體小，宜於密植；抗捲葉蟲力強；衣分高。推廣於江蘇、通海一帶。至民國十九年，發現弱點，即停止育種。

(乙)改良小白花　東南大學於民國十一年開始育種，單本行自交，本種乃青莖，黃花，普通光籽中棉之代表；植科高三尺至四尺；葉裂二分之一；花白甚小，花瓣不能伸出苞葉外；鈴二五七枚得籽棉一磅；衣分三八%，本種育成後，未甚推廣。

(丙)改良江陰白籽棉　此種代表紅莖、黃花、紅心之普通白籽中棉，分佈於中國極廣。民國九年東南大學過探先自江陰常陰沙採得，進行育種，王善佺繼之，遂育成本種，植科高二尺至四尺；果枝發達，成塔形；莖粗壯；葉大，二分之一裂；苞葉甚大；鈴大，一百七十鈴得籽棉一斤；纖維長$\frac{7}{8}$—1"；衣分三五—三八%。本種發育強健，鈴大，果枝長，乃其特點。若土地過肥，則易徒長；纖維粗，乃其缺點。

(丁)孝感光籽長絨棉　原產湖北孝感縣；民國十年東南大學徵集國內良種，農商部第三棉業試驗場惠贈此棉。該校植於品種觀察區。是年夏孫恩麐於其中選得數株，逐一自交。受精吐絮時，過探先在田間梳覽其纖維，見其長逾一英吋，衣指又高，遂引起注意，決選單本十七株。十一年移至武昌繼續育種，至民國十三年育成數新品系。此棉與江陰白籽相似，惟籽黑爲其異耳。株高二—四尺；莖爲鮮明之紫紅色；葉淺綠色；纖維長1—$1\frac{1}{8}$"；衣分二九—三一%；衣指二·八—三·七克；乃中棉中品質較優之品種也。

(戊)百萬華棉　亦紅莖、黃花，普通毛子中棉之一種。金陵大學郭仁風於民國八年在上海吳淞選得單本一枚，攜回進行育種，如是三年，遂得本種。植株肥碩，高四尺；果枝多，節間稀；鈴體極大，多四室，誠中棉中罕見之品種；纖維長$\frac{7}{8}$—1"；衣分三七%。本品種之特點，爲鈴大豐產，成熟甚遲。抗病力弱，須肥土乃其缺點。此種曾一度在浙江一帶推廣，後終失敗。

(己)澧縣美棉七十二號　本品系係湖南棉業試驗場澧縣棉場民國二十一年自脫字棉中選出。植科較原種矮小；枝葉少，果枝多；莖枝較細，節間短；葉色淡綠；成熟早；鈴圓形；抗畸形病力較強，但受紅腐稍烈；纖維稍短，僅$\frac{7}{8}''$；衣分三三%；產量甚豐，籽棉產量超過標準種達百分之四十以上，差異極顯著。

(庚)中農德字棉新品系　中央農業實驗所在四川遂寧德字棉系統育種中育成德字棉五三一號二四—四二四，及二四—一〇九九兩新品系。此二品系於民國二十七年由胡竟良自河南棉產改進所靈寶棉場移來，是年在遂寧作五行試驗，民國二十八年後由華興偉擔任試驗管理。兩系之產量，均較原種德字棉五三一號，高出百分之十五；民國三十一年，并在簡陽舉行品系比較試驗，二四—一〇九九系之產量較平均產量增二二・一一%；二四—四二四系較平均產量增一九・八一%，二四—一〇九九系之纖維長度33.62 mm.，衣分三二・一九%；二四—四二四系之纖維長度32.98 mm.，衣分三二・二%；均較原種爲高。兩系自民國三十年起，即着手大量繁殖，以代替現在推廣之德字棉五三一號。

【雜交育種】　馮澤芳以美棉與亞洲棉雜交之結論：「以美棉爲母本，成功之希望較大，雜種之雜交勢頗盛；雜種自交不稔，回交亦不稔；不稔之原因，由於花粉與胚均不正常。」奚元齡報告：「中棉、印度棉間相互雜交之成功百分率平均在三七・五八%。」吳澤壅報告：「中棉間雜交之成功百分率爲三五・四七%。」棉花之自交方法，龍耀宣曾發明用紫絨草浸酒精中可作自交液，據周惠之試驗甚爲可靠。我國用雜交方法，聯合數種經濟性狀，育成雜交育種者尚不甚多，玆舉如次：

(甲)過氏棉　過探先所作，以江陰白籽棉×北京長絨；聯合高衣分與長絨於一體。

(乙)長豐棉　馮肇傳所作，以百萬棉×孝感長絨棉；聯合大鈴與長絨於一體。

(丙)彡鄉大蒴棉　王桂五作，以江陰白籽×五室雞脚棉。

(丁)抗病長絨棉　曹誠英作，以印度多毛鷄脚棉×孝感長絨棉。

(戊)鷄脚德字棉　俞啓葆作，以鷄脚美棉×德字棉五三一號，希望產量如德字棉，葉形如鷄脚，冀免卷葉蟲之害；已回交三次，得分離之良系三系；產量品質，皆與德字棉一致，而葉形全爲鷄脚形。

第五節　棉作遺傳之研究

【葉綠素】　民國十五年馮肇傳在南通中棉遺傳研究區發現黃苗，一星期卽死，常苗與黃苗之比例爲三：一，似爲一對遺傳因基。俞啓葆（一九三八年）證明：中棉黃苗爲簡單隱性致死因子，由普通突變發生黃苗；與花冠色爲不相關之獨立遺傳；與花青素之有心系爲連繫，交換價爲六・八—九・〇%；黃苗花青素之無心系亦爲連繫，交換價與上相近。俞啓葆報告另一種中棉葉綠素，突變之遺傳，名黃綠苗。子葉爲黃綠色，眞葉出現時，子葉變爲常綠色，新葉則爲黃綠色，此後頂芽逐漸向上生長，下部之葉陸續變爲常綠色，但頂部始終留有黃綠色新葉；故隨時可辨認。黃綠苗爲簡單完全之隱性因基；

【花青素】　舊世界棉花青素之遺傳，據 J. B. Hutchinson 之研究，共由六個復雜因子所控制，成爲兩個因基中心(Gene Center)；卽(一)莖、萼、葉、花邊及瓣心皆紅。(二)莖日光紅，葉脈基點紅色，花瓣紅心。(三)青莖、白瓣、紅心。(四)莖、萼、葉皆紅，花瓣邊不紅，花心紅。(五)花邊與葉不紅，惟萼基、花心皆紅。此五者爲一因基中心，(六)初苗期莖基部微紅，花瓣黃色，其他部份皆無花青素，爲一因基中心。俞啓葆（一九四〇年）經多年之研究，修正 Hutchinson 之因基符號，幷以其所發現之有心油腺紅點中棉，與 Hutchinson（一）(二)及(三)成爲一組多對性，謂之有心系，俞啓葆復根據歷次遺傳試驗之結果，反復證明多年來在中棉中發現之四個花青素因基；無心（黃心），日光紅莖，無心（黃心）青莖及非洲棉之一個黃心油腺紅莖因基，五者成一組等級不同之多對性，謂之無心系，與 Hutchinson 所謂之有心系多對性平行存在，俞氏此種發明，極爲世界遺傳學者所稱道。

【皺葉性】　馮肇傳在浙江發現中棉有縮葉種。此種縮葉，在幼苗時代，子葉亦有捲縮性，長大時眞葉皆向上捲縮，捲葉性之遺傳，據俞啓葆（一九三九年）之報告：爲簡單一對因基之遺傳；縮葉爲隱性，正常葉爲顯性；捲葉與葉形爲連繫遺傳，交換價爲一六・六%。

葉蜜腺，葉上蜜腺遺傳之研究，馮肇傳、俞啓葆、奚元齡之結果均同：卽有蜜腺爲顯性，且爲簡單之孟特爾性。

【花冠色】　馮澤芳、孫逢吉（一九二八年）以浦東紫花棉之紫紅花與青莖黃花鷄脚棉之黃花交配，紅花爲顯性，馮肇傳（一九二六年）以黃花與白花交配，黃花爲顯性，俞啓葆　奚元齡（一九三四年）研究中棉花冠色遺傳，黃花與白花雜交，F_1爲黃花，F_2分離爲三黃：一白，或一黃：二淡黃：一白；黃花與蜜色花雜交，F_1爲黃花，F_2分離爲三黃：一蜜色。

花冠心色，俞啓葆、奚元齡（一九三四年）之報告，以黃花、黃心、紫莖中棉與白花、白心、青莖、鷄脚棉雜交，F_1全具紅心，F_2分離爲一黃心：二紅心：一白心；以F_1與黃花棉回交，F_2爲一黃：一紅；以與白心棉回交，F_2爲一白：一紅；以F_1自交，所生之F_2，又與紅心棉自交，所得F_3亦爲一黃：二紅：一白；足證中棉黃心，白心爲一對因基之遺傳。俞、奚二氏，曾以紅心棉與黃心棉雜交，證明普通中棉之紅心爲顯性，黃心爲隱性，且係一對因基之遺傳。

【棉鈴室數】　王桂五之研究，以三・〇〇室數之江陰白籽棉與四・三八室之鷄脚棉雜交，F_1之室數近於室數少之親本，F_2爲中間性，而仍近於室數少之一面；王氏復根據每鈴籽棉重量，測定鈴之大小，以研究鈴大小之遺傳，曾以每鈴籽棉重二・三六九克之江陰白籽與一・九四克之鷄脚棉雜交，F_2鈴重介於中間性，計算F_2各個鈴體之室數與每鈴籽棉重之相關係數爲 0.86 ± 0.005，爲顯著之正相關。

【產量因子相關】　中央農業實驗所華興鼐於民國二十八年至三十年根據中棉十種美棉各種性狀而研究與產量相關者，以每株分枝數，開花數，成鈴百分數，七月底前開花百分率等，爲正相關，相關係數最爲顯著。

第六節　栽培試驗之結果

棉作栽培方法，對產量關係甚大。因棉區土壤、氣候、農作制度及棉種等互異，故需要舉行試驗，加以改進，方收地盡其利之效。

【耕地試驗】　棉田冬耕春耕試驗，據孫恩麐民國十五年東南大學農科在鄭州棉場（民國十一、十二年）試驗結果，以冬耕及春耕各一次爲宜。不行春耕各區，產量減收甚鉅；在南京大勝關農場（民國十一——十三年）試驗之結果，亦以耕二次爲佳，不行冬耕區產量減少。浙江棉業改良場（民國二十年）在慈谿試驗結果，以行春耕、冬耕各一次，產量高於不耕區，單行春耕者，產量與不耕區差異不大；觀此，在長江流域冬耕甚爲重要，行春耕而不行冬耕者，產量減少；黃河流域春耕反爲重要，冬耕如不得宜，足使收成減低。

耕地之深淺，在長江流域之試驗，孫恩麐報告；東南大學農科（民國十一至十三年）在南京勸業農場，舉行美棉耕地深淺試驗，處理分深耕、淺耕二種；五月四日春耕深耕區，用洋犂耕地五六寸，淺耕區用本地犂耕地三四寸，結果以深耕爲佳；又於民國十二年至十三年舉行中棉耕地深淺試驗，結果中棉對於深耕無何效果；浙江棉業改良場民國十九年在新浦棉場鹹地試驗結果；行冬耕及春耕各一次，較不耕區棉花生長整齊，產量亦高，季君勉報告，在如皋鹽墾區民國二十年至二十二年試驗結果，耕地區與不耕區產量無差異；足證在鹽墾區行二、三寸淺耕無不利之處。深耕反將底層鹹土耕起，有害棉之發育，孫恩麐報告，民國十一年至十三年東南大學農科在鄭州棉場，試驗之結果；適與長江流域相反，深耕反使產量較低，山東第二棉業試驗場民國十八年至二十年以脫字棉爲材料試驗之結果，四英寸淺耕區，較六英吋區之生長狀況及產量爲佳，山西棉業試驗場，民國二十二年至二十四年以脫字棉舉行試驗結果，偶差非不顯著，但產量以深耕區爲低，是知黃河流域亦不宜深耕。

治畦試驗，孫恩麐報告，東南大學於民國十一年在南京勸業農場舉行美棉畦幅寬窄，試驗之結果，以畦寬一丈區產量爲最高，浙江棉業改良場民國十九年以中棉試驗之結果，以三·三尺畦爲佳，畦寬至五·五尺產量顯然減低，湖南棉業試驗場報告以脫字棉在長沙及常德舉行試驗，民國二十二年結果，長沙場以六尺畦爲佳，常德場因地勢低窪，則以四尺爲佳；湖北棉業改良委員會棉場報告，民國二十五年以脫字棉舉行試驗結果，以壠作（壠距二尺）產量最高，五尺寬畦次之，平作最低。

長江流域植棉生長期多雨，宜採畦作，以利排水；黃河流域可行平作；西南棉區春季須行灌漑，夏秋須排水，宜採壠作。

【播種時期】山東棉作育種場民國十六、七年在齊東以脫字棉作播種期試驗，結果以穀雨節之產量最高，河南大學民國二十三、四年在開封以脫字棉舉行試驗之結果，以穀雨節前後爲適期，河南第四農林局民國二十四年在洛陽用美棉試驗，結果以穀雨節播種爲最佳，穀雨節後一期次之，河南棉產改進所民國二十六年在安陽以斯字棉作試驗，結果播種適期在穀雨節前後七日，正定棉業試驗場民國二十年至二十二年以脫字棉試驗結果，以穀雨節前後爲最佳，清明立夏均非宜，北寧路局通縣棉場民國二十四年用金字棉試驗之結果，以四月十日播種者產量最高，山西棉產改進所運城棉場民國二十五年試驗結果，以四月二十日及三十日播種者爲佳，總之，黃河流域棉作播種期，以穀雨節前後爲宜。

東南大學民國十五年在南京以江陰白籽棉，江浦以鷄脚棉供試驗，播種期以穀雨節爲佳，中央大學民國二十三年至二十六年用脫字棉試驗，結果，以四月中旬至五月上旬爲準；復在南京以脫字棉、福字棉、愛字棉、德字棉、斯字棉五品種爲供試材料，試驗結果，以立夏爲最適宜，德字棉及脫字棉對於播種期適應性較大，江蘇棉作試驗場南滙分場民國十九年用江陰白籽棉試驗，結果以立夏播種最佳；無論遲早，收成均減，南通學院農科民國二十四年在大有晉以脫字棉爲材料試驗，結果以四月二十七日播種者爲最佳，中央棉產改進所民國二十四年在東台用金字棉試驗結果，各期產量以穀雨節前後七日爲最高，浙江棉場民國十二年試驗之結果，南通中棉以穀雨節前五日爲佳，金字棉以清明播種產量最高，浙江棉業改良場民國十七年至十九年在餘姚以百萬棉試驗，結果播種適期爲四月二十五日至五月十日；浙江大學在杭州用百萬棉試驗，結果，以四月二十七日播種者爲佳，安徽棉蠶改良場民國二十三年在安慶用愛字棉試驗之結果，以四月上旬爲最佳。江西湖口試驗場民國二十二年試驗之結果，百萬棉以立夏節前後爲宜，脫字棉以穀雨後五日播種者產量爲最高，湖北棉業改良委員會棉場民國二十四年在武昌用脫字棉試驗 結果播種適期在穀雨節至立夏後一星期，湖南棉業試驗場民國二十年至二十二年在長沙用愛字棉試驗，播種適期在穀雨節前後，在常德用常德鐵子棉試驗，結果以四月二十日至五月三十日爲播種適期；四川棉作試驗場民國二十五年至二十七年在遂寧以孝感棉試驗，結果以穀雨節爲適期，遲至小滿，則產量大減，脫字棉以清明後十日播種者產量爲最高，此後各期逐潮減低。總上試驗結果，長江流域下游棉區，棉花播種適期：美棉在穀雨節前後，中棉在立夏，至遲不得過小滿；湖南、四川棉區，播種適期稍早於長江下游；黃河流域，中美棉均在清明穀雨之間；但因無論中美棉均爲兩熟制，及立枯病地老虎之爲害，仍不宜過早。

雲南賓川棉作試驗場民國二十六年以百萬棉及愛字棉作播種期試驗，表示中棉之播種適期在四月五日至十日之間，遲至穀雨節，則產量歉收，美棉適期，在三月下旬至四月中旬之間；中央農業實驗所民國二十八年在開遠作試驗，中美棉均以三月底至四月初播種者產量最高，即清明節前後爲適期，西康西昌農場民國二十八年至二十九年試驗之結果，中美棉均以清明節前後爲播種適期。綜上西南棉區西昌及滇西棉區，中美棉播種適期，均以清明節前後爲宜。

【播種方法試驗】　我國棉花播種方法，均爲撒種及點播，條播者甚少。孫恩麐報告：民國十年至十三年東南大學用中棉試驗，在南京江陰白籽棉之結果，撒播區產量最佳，條播區行間愈大產量愈少；江浦之結果，條播區行距八寸產量最佳，撒播區次之；在上海、湖北夏口試驗之結果，均以撒播區產量爲最高。江蘇棉作試驗場南匯分場民國十九年用江陰白籽棉試驗，以撒播區產量爲最高；鹽墾分場在南通墾區用脫字棉試驗所得之結論，地力較肥時，以條播爲宜，播種失時或地力較薄以撒播爲可靠，浙江棉業改良場民國十八年在馬堰場用百萬棉試驗結果，撒播區產量未必高條播區。湖北棉業改良委員會棉場民國二十四年用脫字棉試驗，結果撒播區產量高於條播區。綜上試驗之結果；撒播不必次於條播。

【行株距試驗】 美棉之株距行距，據孫恩麐東南大學以脫字棉在各棉場試驗。在江浦（民國十一年十二年）之結果；肥地以行距二尺株距一尺爲佳，瘠地以行距二尺株距六寸爲佳；碭山結果：最適宜之距離爲行距二尺株距八寸；鄭州結果：行距無論爲二·五尺或二尺，株距以八寸較一尺爲優；山東棉作育種場民國十六年至二十年用脫字棉在齊東試驗之結果：行距以一·二——二尺，株距八寸爲佳；北平大學農學院報告，民國二十年二十一年在北平用脫字棉試驗結果：在行距二尺時株距以一尺爲佳；通縣棉作試驗場民國二十四年試驗結果；脫字棉以行距二尺，株距八寸爲最佳，金字棉以行距二尺株距五寸爲佳；青島工商學會植棉試驗場民國二十三年用金字棉試驗結果：以行距二尺株距六寸至八寸產量最高；河南棉產改進所在安陽棉場用斯字棉三號試驗之結果：行距以一·六——二尺爲宜，株距以八寸至一尺爲佳；行株距之適應，以行距一·六尺株距一尺，行距在二尺以上者則株距以八寸爲佳；民國二十六年在太康用同一材料試驗之結果：行距以一·二尺株距一尺爲佳。總上結果，美棉之行距以二尺爲適宜，株距不必超過一尺，小鈴種尤可較近也。

中棉試驗之結果：據浙江棉業改良場報告，中棉行距爲一尺五寸時，株距以一尺爲佳；江西湖口農場民國二十一年用百萬棉試驗之結果，行距一·二尺株距八寸者產量最高；廣西柳州試驗之結果，行距一·五尺株距五寸最宜；定縣平民教育促進會農場民國二十三年至二十四年，中棉試驗結果，以行距一·五尺株距八寸爲佳。總上所述，中棉行距以一——一·五尺，株距〇·五——一尺爲宜。

【摘心整枝試驗】 全國棉區，栽培中棉均有摘心習慣。東南大學江蘇棉作試驗場，浙江大學等機關，對此均曾舉行試驗，證明摘心幷無效果可言。惟在氣溫較高，秋雨較多，土肥之地區，摘心足以防止徒長，可於棉株生長將停時行之。美棉單行摘心，亦無效果可言。美棉整枝試驗，據正定棉業試驗場，北平大學、金陵大學，河南棉產改進所、陝西棉產改進所歷年試驗之結果，美棉摘心整枝在旱年行之反能減低產量；多雨之年，則功效較顯，舉行之適期為大暑以前；中央農業實驗所民國二十九年至三十一年在四川遂寧研究摘心整枝與施肥連應試驗之結果，施肥對於產量有顯著之效應，摘心整枝與施肥之相互作用並不顯著。但施肥或整枝均有促早成熟之功能。

【灌溉試驗】黃河流域棉區年雨量僅四百至六百公厘，且集中於七、八兩月降落。棉花生長時間，常須灌溉。據山東第二棉業試驗場民國十九年用脫字棉舉行灌溉試驗，是年雨水充足，僅灌溉一次，結果灌溉區產量較高；李國楨報告民國二十年在陝西關中區渭河沿岸種植脫字棉之結果，不灌溉者每畝產皮棉二十五斤，灌溉區每畝產皮棉達六十斤；河南棉業改進所，民國二十四年在安陽棉場用脫字棉舉行灌溉試驗，結果以灌溉區產量為最高，曇天灌溉與晴天灌溉差異不顯著；民國二十五年及二十六年復用斯字棉舉行灌溉試驗，結果灌溉區植株高大，發育旺盛產量高，纖維較不灌溉區長一公厘；同年在洛陽棉場用斯字棉舉行試驗之結果，灌溉區產量較不灌溉區為高，晴天灌溉又較曇天灌溉為高，差異均顯著；陝西棉產改進所涇陽棉場民國二十五年用斯字棉舉行試驗，結果灌溉區產量較不灌溉區為佳，灌溉時期則以每隔十五日灌溉一次者為佳。

【肥料試驗】中央農業實驗所民國二十四年二十五年在武功、涇陽、定縣舉行化學肥料與有機肥料比較試驗，結果顯示：無論施用何種肥料，均可使棉花產量增加，而以硫酸錏之肥效為最高，油餅類次之，廐肥又次之，骨粉與廐肥配合施用，有提高廐肥功能；該所於民國二十五年在瀏河舉行化學肥料與有機質肥料配合試驗之結論：草木灰與硫酸錏合用，反致肥效減低；但與棉餅配合，有促進有機質分解之功；四川省農業改進所棉作試驗場，民國二十七、八兩年，同一試驗在遂寧、簡陽之結果，各處理之產量均較不施肥者有顯著之增高，其中尤以人糞尿與棉餅配合施用之效果為最優。

棉種因品種不同，對於肥力之反應各異，據中央農業實驗所民國二十五年舉行棉花品種肥力反應試驗之結果：美棉對於氮肥有顯著之需要，中棉則影響較微；磷肥之效應，中美棉對之均不顯著；又美棉各品種對於肥料之利用能力，有顯著之不同，以斯字棉最強，脫字棉次之，各地之退化美棉爲最弱。

【耕作制度試驗】孫恩麐報告：民國九年、十年東南大學在南京舉行美棉兩熟試驗，結果美棉一年一熟之收益，遠在兩熟之上；一熟中冬季以豌豆作綠肥，優於冬季休閑；同年在南京分一·五尺、二尺及二·五尺三種行距之棉麥兩熟區與休閑區比較，仍以一熟區產量爲高；但二熟區之行距減爲二尺，則收量與一熟區相差無幾；民國十一年復在江浦、上海、武昌等三棉場試驗之結果，均以一熟制產量爲高；中央大學民國十九年二十年用愛字棉與小麥舉行二熟制試驗之結果，棉花產量以一熟區爲高，總收益則以麥行行距二尺間作棉花者爲高；南通農學院民國二十四年發表脫字棉與裸麥兩熟行距試驗之結果，以棉麥行距一·二尺及麥行距二·四尺棉撒播區爲最佳；安徽棉蠶改良場民國二十三年以愛字棉與小麥舉行試驗，以一熟區總收益爲高；四川農業改進所棉作試驗場民國二十七、八年在簡陽、榮縣兩地試驗之結果，以棉作一熟及蠶豆寬狹行間作棉花區產量爲高，豌豆前作較其他作物爲佳。冬季收穫後種棉產量均低；綜上結果，美棉以一熟制爲宜。

中棉之兩熟制試驗，據中央大學報告民國十九年二十年用青莖鷄脚棉試驗之結果，以兩熟制爲有利；民國二十一年至二十三年用江陰白籽棉在上海試驗之結果，以棉麥間作之淨收益爲最高；四川農業改進所棉作試驗場民國二十七年至二十九年舉行試驗，在遂寧、簡陽之結果，以一熟區產量最高，豌豆蠶豆區次之，但淨收益則以油菜蠶豆與棉花間作區爲高；足證中棉兩熟收量雖較一熟爲低，但兩熟之淨收入則轉高，尤以與油菜、蠶豆、豌豆間作爲有利。

四川及西南棉區西康、雲南、貴州、廣西棉田，夏季每混雜多種其他作物於其間，影響棉花發育至鉅，四川農業改進所棉作試驗場民國二十七年二十八年以遂寧中棉試驗之結果：單植棉區產量最高，間作中以玉蜀黍、胡蔴、黃豆影響最大，尤以間作行間相隔之棉行數愈少或密植棉者爲大；奉節、簡陽兩場之試驗結果，亦相符合；西康之西昌農場民國二十八年二十九年用美棉試驗之結果，棉花產量以單作區爲最高，間作有損無益。

【日光】　棉株需要充足日光以供生長，但棉最適期之日照長短，則視品種而異，但不出每日八時至十二時之間。通常品種之原產地愈近赤道，光期感應愈顯，愈遠赤道愈晦。中央大學俞啓葆（一九三六年）報告光照期對於棉花花期之影響：謂在田間自然情形下，普通中棉、印度棉、普通美棉與比馬棉均開花結實；而印度之美棉 Cambodia 棉在我國各地舉行品種試驗，均不開花；在日照試驗之結果，以江陰白籽棉及脫字棉每日以十時光照期其成熟早晚與全日光照者無顯著之差別，Cambodia 棉每日經十小時之光照，至九月中旬開花。俞氏認爲此種爲短日性品種；馮肇傳、施珍（一九三七年）仍以 Cambodia 棉作光期試驗之結果：「依植物生長而論，短日處理，均較自然光照者爲優。但光照六小時與自然光照平均十四小時者，差異不顯著；結鈴數以光照九小時及十二小時者爲最多，光照六小時者甚少；凡自然日照者均不開花吐絮；鈴百分數以十二小時光照者最高，九小時者次之，六小時者最低；每鈴籽棉重、衣分 衣指、纖維長度各性狀，光照九小時與十二小時者，互有優劣，但差異不顯著；籽指以光照九小時較十二小時者爲優；一般結果，證明短日性 Cambodia 棉以光照十二小時爲最適。」馮肇傳、施珍以脫字棉、海島棉、俄國純系三種美洲棉與青莖雞腳棉、常德鐵籽棉、百萬棉及印度維字棉 Vercem、四種亞洲棉，作同一試驗之結果，謂：「各品種之主幹及主幹葉之生長速率，均有短日處理速於光照全日之傾向，尤以光照十二小時者爲然；自發芽至開第一朵花日數反第一果枝着生節次，均以光照十二小時或九小時爲最短最低；早期開花百分數與吐絮百分數亦以光照十二小時或九小時爲最高；印度維字棉及常德鐵籽棉，凡有光照愈短開花愈早之象；各品種之開花數結鈴數及吐絮鈴數，均以光照十二小時者爲最高；每鈴籽重，在脫字棉、海島棉及青莖雞腳棉皆有光照愈長重量愈增之傾向；俄國純系、常德鐵籽棉與百萬棉則以光照十二小時爲最重；籽指在各品種，均有光照短籽指愈高之象；」中央農業實驗所樓荃民國二十七—二十八年在河南靈寶研究蔭蔽對於棉作生長之影響，以德字棉供試驗，證明蔭蔽對於植株高度及結鈴數，均有顯著之影響。

【水分】　土壤水分不足，足以影響棉花纖維長度及其他性狀；據胡竟良在美國之研究（一九三四——一九三五年）：以對花棉（Half and Half）、美本棉（Mebane）、隆字棉（Lone Star）、蜜字棉（Missdel）及海島棉爲材料，結果發生年間不同之差異，纖維長度，一九三四年平均較一九三五年短二——四公厘，其中原因由於一九三四年七月雨量不足所致，並以一九三五年七、八兩月雨量充足，短絨類棉衣指增高，中絨棉類衣指減低；衣分則短絨棉及中絨棉均減低，長絨棉則增高。張理文在浙江之研究，民國二十六年之結果：纖維長度以八、九兩月雨量多少成正相關；籽指則以七月份雨量多少爲斷。七月雨量多，則籽指增重，否則減低；衣指以八月份雨量多少爲斷。多則增重，少則減輕；衣分則以籽指、衣指兩誘導單位爲斷，故七月雨量稀少，八月雨量多，衣分則高，否則減低。

【溫度】　氣溫高，棉鈴成熟較易，據東南大學之報告：美棉晚鈴成熟日期，白露後開花之鈴，每經八、九、十日始吐絮，但七月八月開花者中棉鈴三十餘日成熟，美棉四十餘日成熟。又據中央農業實驗所在遂寧之研究，棉花開花數與當日之溫度無正相關，與十日內溫度之相關不顯，與二十日至三十日前之溫度相關性最大。棉之生長，棉莖生長最速之時期，據東南大學民國十三年之報告，江陰白籽棉爲發芽後五十四日至七十八日，即七月四日至二十八日，脫字棉爲發芽後五十四日至七十五日，即七月四日至二十五日；又據該校報告，江陰白籽棉莖之生長期爲一百十日，脫字棉莖生長日數爲九十六日。中央農業實驗所民國二十七年至二十九年在遂寧研究各種中美棉之生長期，結論如次：

（一）一般棉自播種至出苗五日至七日，植株初期生長，漸次加速，自六月中旬至七月下旬生長爲最速，以後漸緩，至八月下旬後，除西南品種外，均停止生長，且初期與中期生長受雨水氣溫病蟲害之影響最大。

（二）棉株上花蕾數，中棉少於美棉，惟結鈴百分數，中棉高於美棉，此乃中棉花前脫落較少之故。

（三）開花始期，中棉均在六月底七月初；開花盛期，均在七月底八月中，美棉較中棉略早，早期所開之花，結鈴百分數高，脫期花結鈴百分數低。

(四)早期花所結之鈴，靑鈴生長日數少；晚期花所結之鈴，靑鈴生長日數多，中棉平均靑鈴日數爲三十五日至四十二日，美棉爲四十日至四十六日；品種間差異，中棉不顯著，美棉則甚爲顯著。

(五)開花盛期，歷年均在七月下旬至八月下旬，而結鈴盛期，亦在此期，故開花盛期卽結鈴盛期，二者正相吻合。

【不孕籽】 棉鈴上常有不孕籽，影響棉之品質。其發生之原因，中央農業實驗所王培祺曾於民國二十九年至三十年在遂寧加以研究，其結論：(一)中美棉品種間不孕籽百分數，具有顯著之差異。二年來平均中棉不孕籽百分數爲一〇・一八%，美棉爲一七・九八%，且各品種不孕籽有高者恆高，低者恆低之趨勢。(二)不孕籽在鈴上之部，以基部爲多，愈上愈稀，尖部最少。(三)不孕籽乃爲未受精之胚珠，不受營養充足與否之影響。(四)不孕籽因時期而異其高低。民國三十年中棉不孕籽增加三・二六%，美棉爲二・九六%。初期花晚期花不孕籽百分率平均較高，尤以初期花爲甚。(五)支配不孕籽發生之氣候因子中，溫度之影響，甚於濕度，溫度與不孕籽成顯著之正相關，與濕度成負相關，但溫度因子固定後，濕度與不孕籽之淨相關係數極小。但濕度固定，溫度與不孕籽仍具甚高之淨相關。此足以證明影響不孕籽發生之氣候，以溫度最爲重要。

【爛鈴研究】 四川秋季多雨，棉株爛鈴甚多；據中央農業實驗所華興鼐民國二十八年至三十年研究之報告，紅鈴蟲爲誘致爛鈴之因。百分之四十爛鈴爲紅鈴蟲所致，其次則蠅蛆、角斑病、炭疽病，皆爲致鈴爛之源；又據分析結果；爛鈴百分率與棉鈴之大小，靑鈴生長日數，分枝數，葉片面積等，皆有顯著之正相關。故爲減少爛鈴計，宜選小鈴、小葉、分枝較稀、靑鈴含水分較少之品種。

第八節 棉纖維品質之研究

栽培棉花，其最後之目的，爲供給紡織業之原料。紡織原料需纖維細長，紡織支數增高；撚曲數多，則紡支拉力強；長度整齊則廢棉減少；此爲紡織上不可缺少之性質。上海商品檢驗局陳紀藻民國二十二年徵集國內棉樣二百二十餘種，研究其物理性，結果分美種棉土種棉及改良種棉三類；美種棉纖維細長 $\frac{7}{8}$—1″；撚曲數特多，每英吋有一二〇轉以上，但長度整齊率較低；湖北美棉，品質退化，纖維長度，僅 $\frac{13}{16}$—$\frac{7}{8}$″，幾與中棉不相上下，但撚曲數多，質亦細柔，仍能紡高支紗；靈寶棉亦爲美棉之一，纖維長度 1—1$\frac{1}{4}$″，在市場上執華棉之牛耳；惟以逐漸退化，長度不及一吋之靈寶棉時有所見。土種棉之品質，概多粗短纖維，長度以 $\frac{3}{4}$—$\frac{13}{16}$″ 爲最普通，長度整齊率較高，撚曲度特少，每英吋僅有撚曲數五十至六十轉，故中棉之長度，有時與美棉之長度相同，而不能紡與美棉同一之紗支，且紡時拉力甚弱。改良種棉爲江陰白籽棉、孝感棉、百萬華棉等及馴化之美棉，其品質較普通爲優，江陰白籽棉、百萬棉纖維長度達一吋，孝感棉達 1$\frac{1}{8}$″，爲中棉纖維最長者，但撚曲度闊度，仍與土種棉相似。馴化之美種棉各項品質，尚能保持原來優美品質。

纖維細度，中央棉產改進所報告（民二十二年）：曾就各棉場系統育種之純系，考察其纖維闊度，結果如次：

(1)趙州綵絨棉	18.25±0.0660μ(最細)
(2)過氏白籽棉	18.94±0.0559μ
(3)豐縣白籽棉	19.58±0.1160μ
4 長豐白籽棉	19.99±0.0501μ
(5)百萬棉	20.24±0.1951μ
(6)長豐黑籽棉	20.93±0.0262μ

(7)孝感長絨棉	21.28±0.0564μ
(8)青莖通棉	21.31±0.1536μ
(9)多鄭棉	21.57±0.2112μ
(10)江陰白籽棉	22.27±0.2464μ
(11)雞脚棉	22.32±0.1496μ
(12)楊思白籽棉	22.59±0.2048μ

上表自豐黑籽棉以上各改良品系，闊度未超過二十二彌，可稱細絨；孝感棉以下各品系，則皆屬粗絨棉。

又該所民國二十四年報告，主要美棉品種之纖維細度（利用品種比較試驗材料）。

(A) Delfos 531	19.55±0.1644μ(彌)
(B) Acala（中央大學）	20.54±0.1824μ
(C) Trice I. 160	20.96±0.1792μ
(D) Stoneville no. 4	20.96±0.1888μ

以上四品種可認為較細之品種。又就徵集之棉樣，得著名細絨及粗絨中棉，其纖維闊度如次：

著名粗絨中棉之纖維細度：

(A)河南濬縣土棉	23.14±0.2304μ(彌)
(B)山西洪洞土棉	23.78±0.288 μ
(C)浙江餘姚土棉	23.94±0.2240μ
(D)湖北新州土棉	25.50±0.2592μ
(E)山東樂縣土棉	27.33±0.1248μ
(F)河北正定土棉	28.38±0.2752μ

著名細絨中棉之纖維細度：

(A)河北樂亭土棉　19.30±0.1952μ（彌）

(B)河北易縣土棉　20.54±0.1568μ

(C)河北安國土棉　20.48±0.2048μ

(D)山西永和土棉　21.18±0.2304μ

脂蠟成分，中央棉產改進所程養和報告（民國二十四年）：國產棉花中，美種棉纖維之脂蠟（Fat, Wax.）成分較土種棉爲高，土種棉中雞脚棉及光籽中棉之脂蠟成分亦有多於毛籽中棉之趨向；脂蠟成分之增多，能使纖維光亮益增，而呈柔美之狀，然不能視爲精細之纖維；我國黑籽棉素爲市場上所重視，其優越之點，自物理性質言，不能得充分之解釋，而所以受歡迎者，脂蠟成分較多，或爲一重要原因。

第九節　棉作病蟲害之研究

【棉蟲】　棉蟲之研究，起始於民國九年東南大學張巨伯任南雁研究棉尺蠖（即造橋蟲）之生活史及防治法；其後張巨伯復率助教吳福禎在南通大有晉研究金鋼鑽蟲；吳福禎住南通三年，詳究金鋼鑽蟲及紅鈴蟲之生活史及防治方法；民國二十二年以後，中央棉產改進所舉行全國棉蟲調查，冀、魯、豫、晉、蘇、浙、湘、鄂等省重要棉區，凡棉蟲分佈狀況及其爲害情形，大致均已明瞭，幷發現棉蟲種類達一百八十餘種，由吳福禎、吳振鐘、吳達璋、李十勛等研究地老虎、蚜蟲、紅蜘蛛、棉蚱蜢、捲葉蟲、葉跳蟲等生活史。防治重要棉蟲方面，用煙草水及棉油乳劑之治蚜方法，成功最著；他如毒餌及堆草法治地老虎；以麵粉糊治紅蜘蛛，以砒酸鉛治捲葉蟲，以砒酸鈣防治棉尺蠖、象鼻蟲，亦均有相當成效。

【棉病】　中國棉作病蟲之研究，實始民國二十三年中央棉產改進所之成立棉病害股，前此僅東南大學王善佺、袁輝發現棉畸形病，由於葉跳蟲所致。中央棉產改進所舉行全國棉病調查，各重要植棉省份，均已遍及，所發現之病害凡十九種，中以立枯病、炭疽病、角斑病、縮葉病、葉切病、莖枯病等爲最重要，幷由沈其益發現棉葉切病爲四種盲椿象科(Lygus Luco Wm Fieh Var. Nor.) 昆蟲侵害所致，其中爲害最烈之一種，經鑑定爲新種；火風病爲薊馬 (Thrips) 所致；關於棉病防治方法，如以氧化汞防治立枯病猝倒病，以棉油乳劑治葉切病，以波爾多液，石灰硫磺液治縮葉病，均經試驗有效。民國二十六年後，四川農業改進所及清華大學農業研究所，亦於川、滇兩省分別調查，迄今曾經紀述之棉病共二十五種，其中或爲國外所未有，或分佈不廣，未經詳載，如中棉折腰病 (Alternaria mairospora 及發源印度之新炭疽病 (Colletotri-Chum indicum)，均發現於四川，由凌立、楊演詳加研究；又如雲南木棉曾由清華大學農業研究所發現國內別所未有之病害三種，即枯萎病(Vertillium)枝葉乾枯病及葉銹病是也。

治蟲藥劑研究，殺蟲藥劑之研究，亦始於中央棉產改進所，已見成功者，如孫雲沛研究 棉油乳劑調製法，已獲成功；楊守珍 孫雲沛利用國產信石 製造砒酸鈣，其價值僅及舶來品之半。復利用有殺蟲性之國產植物，提取有效成分，製成黃色殺蟲劑，對於吸收口器及咀嚼口器害蟲皆有特效。

第十節　棉用農具之製造

民國十年東南大學農科李炳芬，開始研究改良我國農具；棉用農具方面，製成棉花條播機，五齒中耕器，及棉用耙(又名株間中耕器)三種；當時在各省應用甚廣，其後江蘇農具製造廠及其他鐵工廠，多仿製之，栽培棉作之利器也。

民國二十三年後，用藥劑防治棉蟲，已見實效，棉業統制委員會，中央棉產改進所特於民國二十四年特設殺蟲機械製造室等，製噴霧器以應需要，計分自動、雙管、單管三種，中以雙管噴霧器製造最多，自動式次之，單管因不適用未多製；民國二十六年後，中央農業實驗所在重慶設廠，繼續製造。

第十一節　棉花分級之研究及分級標準之製定

棉花分級，直接便利棉花交易，間接增加棉產，提高品質，適合紡織需要。歐美各國，早有棉花品級標準之規定，棉業進步，實利賴之，我國則付缺如，棉業統治委員會有鑑及此，於民國二十三年設置棉花分級室，主持者爲葉元鼎，襄助研究者陳紀藻、程養和、狄福豫，參照上海商品檢驗局歷年研究棉花品級品質之結果，首從事棉花品質鑑定方法之基本，研究商業棉花之研究，棉花化學性之研究，各級棉花夾雜物百分率之研究，及棉纖維重量及撚曲度比較試驗；對國產棉花作全般之究討，採取各市場棉樣，加以研究分析，根据實驗結果，并仿效各國成法，訂定棉花類別、級別、長度、整齊度、強度分級等五項標準如次：

(甲)棉花類別標本

類別	標準名稱	棉纖維性質
美種棉	長絨美種棉	柔軟細長特亮有絲光。
	短絨美種棉	柔細有光澤或附在綠色小花衣。
中棉	甲種（黑籽中棉或改良白籽）	柔軟乳精或乳白色微有絲光。
	乙種　普通白籽棉）	尙柔，色澤略帶乳白，微有絲光。
	丙種（鐵子棉或粗絨棉）	粗，肥白或呆白。
	丁種（特粗棉）	粗硬，肥白或呆白。

(乙)棉花品級標準

(1)國產美棉品級標準：分優級、上級、中級、下級及劣級五種。

(2)中棉品級標準：分優級、上級、中級、下級四種。

(丙)棉花纖維長度標準

$1\frac{1}{4}$英寸	31.7500 公厘
$1\frac{3}{16}$英寸	30.1625 公厘
$1\frac{1}{8}$英寸	28.5750 公厘
$1\frac{1}{16}$英寸	26.9875 公厘
1 英寸	25.4000 公厘
$\frac{15}{16}$英寸	23.8125 公厘
$\frac{7}{8}$英寸	22.2250 公厘
$\frac{13}{16}$英寸	20.6375 公厘
$\frac{3}{4}$英寸	19.0500 公厘
$\frac{11}{16}$英寸	17.4625 公厘
$\frac{5}{8}$英寸	15.8750 公厘
$\frac{9}{16}$英寸	14.2375 公厘
$\frac{1}{2}$英寸	12.7000 公厘

(丁)棉花長度整齊率標準

加二級	95%以上
加一級	90—94.9%
標準整齊率	85—89.9%
減一級	80.1—84.9%
減二級	75—80%

(戊)棉花強度標準

甲(Strong)
- 甲(+)……九·五至一〇·五公分
- 甲……八·五至九·五公分
- 甲(-)……七·五至八·五公分

乙(Medium)
- 乙(+)……六·五至七·五公分
- 乙……五·五至六·五公分
- 乙(-)……四·五至五·五公分

丙(Weak)
- 丙(+)……三·五至四·五公分
- 丙……二·五至三·五公分
- 丙(-)……一·五至二·五公分

本章參考資料

(1)馮澤芳：中國三個棉花適應區域，農報五卷二二——二四期。
(2)馮澤芳：中棉分類初稿，農學第一卷二期，東南大學農科。
(3)馮澤芳：中棉之分類法及其重要種之記載，農學第一卷第六期，東南大學農科出版。
(4)楊守珍、朱海帆：中國棉區土壤問題之檢討，棉業月刊第一卷第五、六期，棉業統制委員會出版。
(5)俞啓葆：中國新棉種，中華棉產改進會月刊一卷十二期。
(6)俞啓葆：中國棉種調查研究成果述略，農報第六卷一〇——一二期。
(7)馮澤芳：棉花區域試驗結果及今後吾國棉種問題，中華棉產改進會月刊第三卷第七、八期。
(8)馮澤芳：再論斯字棉及德字棉，農報第三卷一三〇九——一三一一頁。

(9) 馮澤芳：斯字棉之試驗成績與繁殖推廣之現狀，農報四卷八五三——八五八頁。
(10) 胡竟良：新近輸入我國三種美棉攷略，中華棉產改進會月刊二卷十期。
(11) 葉元鼎：東大農科之脫字美棉，農學二卷四期。
(12) 愛字棉，東南大學農科淺說。
(13) 俞啓葆：國立中央大學農學院之改良棉種，中央大學農學院報告渝字四號。
(14) 王善佺等：東大農科之改良中棉品種，農學二卷四期。
(15) 王善佺：棉作鈍系育種，東南大學農科專刊。
(16) 胡竟良：棉作育種程序中的考種問題，中華棉產改進會月刊三卷三八一——三八四頁。
(17) 彭壽邦：棉作考種取樣方法之研究，中華棉產改進會月刊二卷一期。
(18) 蕭輔：棉作田間技術之研究，中華棉產改進會月刊二卷三期。
(19) Hu, C. L. A Study of seed Cotton by Meams of Fiber Arrays. 中央棉產改進所專刊第二號。
(20) 程侃聲等：棉作田間試驗技術之研究，鄂棉一卷二七一——三二一頁。
(21) 馮靖：澧縣七十二號之試驗成績，湖南棉業試驗場專刊。
(21) 胡竟良：本所德字棉兩新品系之育成，農報八卷三十——三十六期。
(23) 馮澤芳：亞洲棉雜種之遺傳學及細胞學，中央大學農學叢刊一卷七七——一〇七頁。
(24) 奚元齡：亞洲棉異品種間雜交勢之研究，中華農學會報第一四八期。
(25) 馮肇傳：中棉之遺傳性質，農學雜誌三卷五期，中央大學農學院出版。
(26) 俞啓葆：中棉黃苗致死及其連鎖性狀之遺傳研究，科學二十二卷四四三——五〇六頁。
(27) 俞啓葆：亞洲棉中花青素多對性新系之研究，科學二十四卷三六六——三七八頁。
(28) 俞啓葆、奚元齡：中棉遺傳研究，中央大學農學叢刊一卷二期。

(29)孫恩麐：棉作試驗及事業，東南大學成績報告：第二、三册。
(30)孫恩麐：中美棉栽培試驗報告，農學三卷五期。
(31)浙江棉業改良場報告。
(32)山東第二棉業試驗場報告。
(33)江蘇棉作試驗場工作報告。
(34)湖南棉業試驗場報告。
(35)河南棉產改進所二十三、四、五、六年總報告。
(36)四川棉作試驗場二十七、八、九、三十年工作報告。
(36)陝西棉產改進所二十五、六年工作報告。
(37)俞啓葆：光照期之長短對於棉作花期之影響，浙江建設九卷十二期。
(38)馮肇傳、施珍：短日性棉在不同光照期下感應之初步觀察，鄂棉一卷九期。
(39)馮肇傳、施珍：光照時期與棉作生長及發育關係之初步觀察，鄂棉二卷一期。
(40)張珽文：季節變遷影響棉作品質之研究，浙棉二卷八期。
(41)王培祺：棉之不孕籽之研究，中央農業實驗所特刊二十九號。
(42)華興鼐：棉之僵鈴之研究，農報五卷一〇——一六期。
(43)陳紅藻：中國棉花之品質，國際貿易導報六卷。
(44)程養和：棉纖維脂質之研究，國際貿易導報第六卷。
(45)棉產改進事業總報告，民國二十三年。
(46)張巨伯：南匯奉賢二縣之棉花造橋蟲調查報告書，東南大學農科印行。
(47)沈其益：棉葉切病之研究，中央棉產改進所專刊第一號英文本。

(48)楊守珍：普通殺蟲藥劑，棉業月刊五、七期。
(49)孫藝沛：防治棉蚜藥劑，棉業月刊五、七期。

第四章　棉業推廣之成就

第一節　推廣方法基礎之奠立

中國棉作推廣方法，甚至我國農業推廣方法之制度，實由東南大學農科奠立之。東南大學農科於民國十年即成立棉作改良推廣委員會，該會規定先從良法美種之獲得着手，二者得有結果，然後力圖推廣，一洗民初盲目散放棉種之弊。推廣方法如：

(一)文字宣傳　分淺說及成績報告兩種，淺說皆融合學理經驗及試驗結果，於棉花栽培管理育種及病蟲害等分題編爲小册，文字力求淺顯，使於農民閱讀，刊印數十餘種，發行十餘萬册；對於種植美棉知識之傳播，收效甚宏。及後此項文字宣傳之種類，經各省增加爲淺說、報告、歌詠、圖畫及表解五種。

(二)展覽會　展覽會之目的，在顯示試驗育種及推廣成績，引起農人仿效心，藉實物示範，傳播植棉基本知識，表示植棉之重要，引起社會人士之注意，互相競賽，優劣，判然，引起農民改進心理；民國十年秋，該校即在鄭州、上海舉行，後此舉行不下數十次，到會農民不下十餘萬人，幷演放幻燈；民國十五年以展覽會及演放該校所製棉作改良電影片，影響農民至爲深刻；幷於民國十一年起，各場在適當時節，舉行各種實演會，如播種、中耕、實演會，表演播種機播種方法與耬及點播撒播之比較，中耕器中耕與手鋤之比較；到會農民深明新式農具之利益，紛紛代購應用。

(三)訓練指導　該校自民國十一年即於各棉場附近聯合農家子弟組織青年植棉競團，以場中職員充指導員指導團務，每月集會一次，由指導員演講植棉方法，練習播種，間苗、中耕、收花、選種等技術；每一團員須有地半畝，自行操作，秋收後將全年栽培記載及收支概況，幷填植棉問答表報告於指導員，每年各場開棉作展覽會時，團員須出品參加競賽，經品評後給予獎品，以資鼓勵。至於領種農戶，則由各棉場派有指導員實地各別指導種植方法，代爲解決一切困難問題，并代購買改良農具，此期棉作推廣，新式農具推廣之迅速，農民植棉甚少失敗者，實行實地指導之功也。

（四）散發良種　該校推廣改良全國棉作計劃書，於棉作育種曾有「本校農科改良棉種，首重輸種美棉，次重改良中棉，美棉可以推廣之處，則以美棉爲先，美棉不能推廣之處，則從事改良中棉」之規定。故各棉場育種推廣，悉以此爲準。鄭州棉場專注重脫字棉之馴化，江浦場以愛字棉、江陰白籽棉并重，上海楊思場注重江陰白籽棉，南京勸業場注重青莖鷄脚棉，南京洪武場注重愛字棉，武昌、夏口兩場則以脫字棉及孝感長絨棉并重。棉種之散發農民，以脫字棉爲最早，民國十年已開始有少量之發給，孝感棉、江陰白籽棉於民國十三年開始發給，愛字棉、鷄脚棉於民國十四年始行散發。散發之方法，素極嚴格，取地方純種主義，以棉場爲中心，供給優良棉種與近場四周農民，次年選擇所產之良種散與其次區之農民，再由次區及於稍遠者，而近場之農民年向棉場索取精選之良種，如斯波及，使一地之棉種保持永久之純潔；此種制度後逐漸修改而成棉種管理區之制度。又該校原定計劃，各場應設軋花廠，收買領種人之籽棉，以便實施地方純種主義，因經濟困難，除鄭州一場因得豫豐紗廠之協助，自民國十一年起即照計劃進行外，其餘各場，僅江浦一場始於民國十四年成立；每年代農民軋花均在百萬斤以上，此種辦法引起此後各省大規模軋花廠之設立。至於棉花生產運銷合作社之組織，該校當時雖未有所貢獻，但改良推廣全國棉作計劃中已有「關於買賣種子、肥料、機械及籽花等視地方情形，指導棉農組織各項組合」之規定，具見當時計慮之周密與瞭解農村之深刻。

（五）合作棉種場　該校於民國十五年開始有合作棉種場之組織，計八場，面積達四千畝，其目的在選擇優秀農民，加以訓練，并合作繁殖良種，使良種之分佈較速；蓋鑑於我國具有數千萬畝棉田，數百萬棉農，以該校所有棉場之良種而供給農民，直九牛一毛，即以各場所在而論，一場亦絕難供給某一區域之棉種，故有是項組織。後此之特約良種繁殖場即源出於此。

組織：該校棉作改良推廣委員會之棉作推廣事業，以推廣股爲總樞而以各區棉場爲直接傳導於農民之機關，各產棉省份視棉作之分佈情形設立棉作場，擔任該區縣份之推廣事業，後此各省之棉產改進機構及植棉指導所等組織辦法，大都淵源於是；卽一切推廣上之登記、記載、調查等辦法，亦爲後此之所宗焉。

第二節　棉作推廣方式之演進

【獎勵推廣方式】民國初年，農商部悉力倡導植棉，數度大量購買美棉種子分配各省散給農民。植棉有獎金條例，蠲免賦稅辦法（江蘇曾一度實行），幷爲鼓勵農民多種起見，每戶植棉在十畝以下，則不分給棉種，十畝至二十畝者，則無價給種，同時責成各省實業廳及所在棉場於適當地點，設置收買美棉總所，凡領受分給種子之農戶，於收穫後須將籽棉售與該所規定價格，較市價提高一成至二成；幷公佈公司保息條例，促進棉紡織廠之建設，對於棉業之獎勵至矣盡矣。惟輸種之棉種既未經試驗，推廣地區復不知其適宜與否，栽種方法之指導，病害蟲害之防治，更無論矣。棉種推廣之數量雖多，而種植成功者甚尠。此期最大之貢獻爲介紹美棉與各省，予以後工作者甚大之便利。技術上則無所成就也。

【技術推廣方式】前述東南大學農科，對於棉作改良特聘專家，首從改良棉種、馴化棉種、試驗棉花栽培方法，改良農具，研究病蟲害之防治；研究得有結果，然後以技術上成就之良法美種，用教育勸導之方式，推而廣之於民間，此可名之爲技術之推廣方式。顧該校於民國十一年卽開始棉作推廣，是年鄭州場推廣面積八一九畝，十二年鄭州、江浦等場推廣面積二、六六三畝，十三年三、四四六畝，十四年五、五三〇畝。至民國十五年全校各場直接推廣面積亦不過九千七百六十九畝而已；浙江省棉業改良場，自民國十七年起以全力推廣百萬棉，但至民國二十二年該場亦不過推廣三千四百二十一畝而已。其他各省棉業機關莫不皆然，頗遭推而不廣之譏。究其原因，十餘年來各棉業改良推廣機關，所以不能按照計劃逐年擴展以成大觀者，原因固多，而散出棉種不能收回集中，年以棉場有限之種子爲推廣材料，農民耕作之面積既小，又迫於經濟，收得之棉花隨時出售，種子不知去向，推廣之面積，自不能擴大；蓋各棉場無軋花廠之設備，且無經濟爲之後盾，無法自農民手中收回其良種也。

【合作推廣方式】 民國二十年大水爲災，湘西濱湖各縣棉區，悉成澤國，棉種缺乏，湖南棉業試驗場，計劃於救災之中，寓改良棉種之義，自鄂、豫購得大量脫字棉種，於民國二十一年一舉而成十萬畝合作棉場，是國內改良推廣棉作以來罕有之成就也。其推廣辦法，劃定澧縣、漢壽、安鄉、華容、南縣等縣推廣區域——各合作區域——於此區域內分爲若干單位，須由農民組合，有地二千至五千畝爲單位，名之謂合作場，由此合作場集體向棉業試驗場貸借棉種；每場幷由棉業試驗場派指導人員，駐場指導栽培方法，防治、病蟲害、及示範等推廣工作。是年共舉辦合作場四十所，面積九萬四千九百零八畝。並就各合作場農戶組織生產合作社，由上海銀行貸予生產貸款十萬元，幷於津市創設機力軋花廠一所，動力機馬力五十四，組織棉花運銷合作社，仍由上海銀行貸予運銷棉款十萬元，進行籽棉軋花、運銷工作，軋出棉籽留供次年推廣之需，皮棉則集中運銷與湖南第一紗廠。合作社由棉業場指導員指導組織；軋花、運銷業務，則由棉業場代爲辦理。是年軋花廠之經營，除支出外，共盈餘二萬八千餘元，均分配於各社社員，此種推廣辦法，蓋藉經濟力量輔助技術力量之不足也。該場當時確定棉作推廣之主旨有「以生產合作，改進棉農生產；以信用合作，活潑棉農金融；以運銷合作，增加棉農收益；」諸語，故此種方式，可名爲合作推廣方式。民國二十二年仍繼續辦理，是年推廣面積，亦僅十四萬畝，蓋籽棉之收買不過百分之三十，其餘皆爲花行收去，棉種仍不多也。胡竟良於辦理此種事業兩年經驗所得之結論：深覺棉作改良推廣工作，僅顧及棉作本身整個問題之解決，農村社會之罪惡足以破毀之而有餘，教育式、勸導式、合作式之推廣，僅屬輔助之方法而已；因而提出棉作推廣，需要政府賦予管理農民權，蓋所缺乏者，爲政治力量之推動。

【强制推廣方式】 浙江棉作改良場於民國十八年至二十一年之間，推廣百萬棉，採用勸導教育推廣制，任由農民種植，不能大規模推動，成效未著。自民國二十二年起採用強迫推廣制，由政府於適當棉產縣份內，設立棉業改良實施區，強制全區農民依法種植試驗已著成績之改良棉種，實施區內由該場分別收買皮花代爲銷售，蓋運用技術與政治力量也，行之數年，籽花之收回約百分之八十；但推廣面積，仍不能如理想之高。該場於民國二十二年，純粹推廣百萬棉，面積爲三千四百二十一畝，至民國二十五年百萬棉推廣之面積僅三萬八千六百七十二畝。民國二十三年於沿海區增加推廣抗鹹性強之美棉，是年百萬棉與美棉共推廣一萬五千九百四十三畝；至民國二十五年中、美棉合計推廣面積亦不過九萬四千七百五十畝而已！

【三位一體之推廣方式】　棉產改進工作，至棉業統計委員會時代，在各省所採取之方法，係配合科學、政治、經濟三種力量，作整個之推動。故可名之爲三位一體之推廣方式。孫恩麐檢討棉產改進工作時（民國二十五年），曾謂「原棉改進事業關係多端，有賴三種力量以推動之，即科學、政治、經濟是也。所謂科學力量者，即指應用科學原理與技術以訂定事業進行之計劃，實施與夫指導解決一切困難而言。所謂政治力量者，乃指各級政府管理人民之權力而言，至於經濟力量之關係，則舉凡一切事業實施時所需要之資金，均非有充裕之經濟力量不能行。此三種力量之運用，應採取協調政策，同時幷進，不可偏廢，若政治力量用之過猛，則科學、經濟無以善其後，勢將形成空洞與具文；若科學力量用之過猛，則政治力量不能引導於前，經濟力量不能繼之於後，勢將趨於理論不合經濟生產之原則；若經濟力量用之過猛，政治科學不能幷進，勢將形成無保障情況，投資發生危險。至此三者對於棉產改進之關係：則（一）科學力量，中央棉產改進所及中央棉花攙水攙雜取締所負設計研究推行之責，指導各省棉產改進所，各省棉花攙水攙雜取締所，及各區植棉指導所，各區棉花攙水攙雜取締分所，分別負責指導各該棉區內之棉農棉商實施棉產改進。（二）政治力量，產棉各省政府與縣政府負提倡監督、制裁之責，幷授權於各省改進所及取締所，以便直接管理棉區內之棉農及棉商。（三）經濟力量，國內銀行爲發展植棉事業起見，應盡量投資於棉區內棉農以擴大其工作效能。惟銀行對於棉農投資，應由各省棉產改進所及植棉指導所協助合作主管機關指導農民，組織合作社，負責介紹，查核資金之投放與用途，同時由各政府負擔保之責任。」

棉業統制委員會改進棉產之目標：（一）爲拓殖棉田面積，增加每畝產量，以增加全國棉花，以應需求；（二）爲改良棉花品質，使能充二十支以上細紗原料，以應紡織業之需要；（三）爲組織運銷合作社，調整棉花貿易，使貨暢其流，值得其平，以補助農民經濟；（四）爲提倡棉花分級，以保棉花等級品質，促進良種推廣；（五）爲實行取締棉花攙水攙雜，保障廠商買賣，樹立對外貿易信用，間接開拓棉花銷路，促進棉花生產。聚此五項目標，配合技術、政治、經濟三種力量，所規定之棉業推廣辦法簡述如次：

【棉作指導區域】　就各省氣候、土質每省劃分爲若干指導區域，每區包括三、四縣或七、八縣不等，視交通之便利與否而定其大小區，各設植棉指導所一所，擔任全區指導工作。指導所之工作：

（1）繁種　每區設繁種場，面積一千畝左右，接受棉作試驗場育成之良種，從事繁殖，其出產之棉種，分年供給棉種管理區內之農戶種植之。

（2）棉種管理區　在繁殖場附近圈定棉田一萬至五萬畝爲棉種管理區，區內農戶所有棉田強制一律種植指定之棉種，以實行地方純種制度；其有破壞此制者，送請地方政府制裁之。區內所產棉種，一律留供次年作普通推廣區換種之用。每區內植棉指導所建設軋花廠一所，廠內軋花機械，動力及打包機等之多少，以能供棉種管理區內各農戶產品軋花打包之用爲原則；軋花廠軋花工作，由指導所管理以防籽棉棉籽之混雜。棉種管理區之籽棉，棉籽不得擅自自由售出，棉商尤不得入區收買籽棉或棉籽，違者送地方政府懲罰制止之。棉種管理區內之籽棉既需集中軋花，農民如需出售籽棉或皮棉，即由指導所設收花部，收買或代爲交中央所設之各省棉花運銷處代爲運銷，或由　民組織之運銷合作社，在指導所指導下，收集籽棉；軋花、打包及委託運銷處代爲運銷；代爲運銷之指導所，協助合作主管機關，在棉種管理區內，每村組織信用合作社，全區組織一個運銷合作社，介紹銀行舉行生產及運銷貸款。合作社之業務技術部份亦由指導所指導之。

（3）普通推廣區　指導區內，除棉種管理區外，其他需要換種或可以推廣植棉之地，由指導所劃爲普通推廣區，設辦事處辦理推廣事務，其範圍第一年至少需有棉田五千畝，以後逐年擴大。

(4)全區指導管理工作　植棉指導所除上述工作外，對於全區轄境之棉農棉商以及一般農村推廣工作，均須加以指導與管理如次：

(a)分年換種　全指導區所有棉田至相當時期，一律換種，棉種管理區所產之棉種，分年舉辦以地方政府力量推行之。

(b)示範表證　全區內選擇適當地舉行棉作良種、棉作肥料、防治棉蟲棉病等示範表證。

(c)實地指導　全區派遣指導員，隨時指導植棉栽培方法，施肥及防治棉花病蟲。

(d)提倡水利　協助水利及合作機關，提倡鑿井濬河，以利灌溉及宣洩。

(e)檢舉作偽　區內棉商如有攙水攙雜攙粗情形，指導所得向所在地取締機關檢舉。

(f)施行分級　在打包廠內得由指導所施行分級檢驗。

(g)調查宣傳　關於棉業調查及宣傳。

棉業統制委員會，自民國二十三年至民國二十六年止，施行此三位一體之推廣方式；棉產方面在冀、魯、豫、晉，甘、蘇、鄂等省推廣及換種棉田（民國二十三年至二十五年），共達四百五十餘萬畝。故截至民國二十五年，全國皮棉產量已達一千四百餘萬擔，于原棉初步計劃，差能達到。至於棉花品質，凡紡二十支及四十二支之原料，亦無待外求。棉花水雜含量，並能逐年減低，實已收相當效果。

【還原之推廣方式】　後方川、滇、黔各省產棉甚稀，民國二十六年以後，抗戰期間，政府提倡植棉以應需要。由中央農業實驗所派遣技術人員協助各省辦理，其責司僅在植棉而已。分級檢驗，取締攙水攙雜均已停辦；即組社運銷之協助工作亦未賦予；蓋一純粹教育推廣之方式也。而後方各省，如西康、四川秋雨較多，貴州多山，一般多認爲不宜植棉。胡竟良獨排衆議，輸種德字棉於四川。并根據天然環境，決定棉作推廣區域，參酌地方情形，改善栽培方法，在川植棉達三十五萬畝，產量品質均幸告成功。顧此項成功，完全由於運用技術力量，購買棉花機關及紗廠極少配合，各行其是，以此於民國二十八年四川即發生優良美棉價格反低於土棉之糾紛，始終未得合理解決。民國二十九年以後，糧價紗布價飛漲，棉價反受限制，尤以陝、豫所受影響爲甚，以致後方各省棉田普遍大減，造成棉荒。有如軸楨絞繩，此緊彼弛，植棉技術所增加棉產之數量，不足以抵補經濟力量減少棉產之數字。增亦何補，此僅依技術力量，而無政治經濟力量以爲之配合，不足以言成功之又一證也。

第三節　良種推廣之效果

棉花良種之推廣，自民國十一年即開始，顧皆由各學校、社會團體及棉業機關分發；記載不全，即已有之記載，而記載之格式復不統一，以下所記，僅就已有之材料，略爲敍述，非其全豹也。

東南大學農科馴化美棉之推廣，以鄭州棉場脫字棉之推廣爲最早，民國十一年即開始推廣；江浦棉場愛字棉於民國十四年始行推廣，改良中棉中，江陰白籽及孝感長絨，均於民國十三年始發散農家種植，改良雞脚棉至民國十四年，始推廣種植。改良種每畝收穫量與農家種之比較：如民國十二年，鄭州領種脫字棉之農家，每畝籽棉收穫量較之普通農家所種之退化美棉，平均增收二十二斤，而同年鄭州棉場所產脫字棉，每畝平均籽棉收穫量較之領種農戶增收十一斤，蓋初行推廣，領種農戶，對於栽培方法尙未適合故也；民國十四年，江浦領種脫字棉之農戶，平均籽棉收穫量較當地中棉增收五十五斤；民國十三年，南京勸業農場雞脚棉每畝平均產籽棉一百二十斤，而農家之退化美棉每畝僅收七十斤，相差四十斤。至於該校歷年推廣中美棉之面積，前已敍述不贅。

金陵大學百萬棉，於民國十七年起在浙江開始推廣棉籽一百五十斤，民國二十三年推廣面積三、四二一畝，二十三年一四、五六八畝，二十四年六三、一八一畝，二十五年三八、六七二畝。民國二十五年百萬棉每畝較當地中棉增收籽棉十五斤，同年在海鹽、鎭海等縣推廣美棉五六、○七八畝，每畝平均產籽棉較當地土種增收二十九斤。

湖南棉業試驗場，民國二十一年在洞庭湖濱各縣推廣脫字棉九四、九〇八畝，二十二年推廣一二、一七一畝，二十三年推廣八二、六六一畝，推廣種之產量，據民國二十一年之調查，推廣種平均每畝產籽棉量較之當地中棉多收二八・四六斤，較退化美棉增收一六・二四斤。

棉業統制委員會，自民國二十三年起在各省推廣之棉種，完全爲美棉，其推廣區域：一在素不產棉之區，提倡植棉，以期增加棉田面積，如江蘇之徐州各縣，河南之汝南是；一在退化美棉區或中棉區域換種優良棉種，以期改良品質，如江蘇之鹽墾區，河南之太康區是；此外如陝西省自禁種雅片後，棉花爲最有利之作物，故棉田面積尤見突增，該會於民國二十三年在蘇、陝、豫、晉等省共推廣五七〇、二〇〇畝，二十四年在蘇、陝、豫、冀、晉等省共推廣一、二八八、四五四畝，二十五年共推廣二、六七六、〇二五畝，民國二十六年統計不全，推廣面積在三百萬畝以上，且是年開始推廣純種德字棉及斯字棉，是爲我國棉作推廣以來最大之成就焉。

抗戰以還，陝省受棉業統制委員會之餘蔭，自民國二十九年起，換種斯字棉，以增加每畝產量，進步最速，四川則推廣德字棉及脫字棉，貴州推廣脫字棉及中棉，湖南推廣常德鐵子一號棉及澧縣七十二號美棉。各省每年棉作推廣及換種數字，民國二十七年，面積一九二、四四一畝（陝西六六、七四九畝，豫五、一六四畝，蜀七四、九二六畝，湘四三、六〇二畝），民國二十八年，五二四、三七一畝（陝二五〇、五二六畝，豫四四、七四〇畝，蜀一三三、五八三畝，湘五、二八四畝，滇七七、〇〇〇畝，黔一三、一三八畝），民國二十九年，一、三七九、六九四畝（陝九四一、四一八畝，豫八、七四四畝，蜀三八一、二六〇畝，湘一五、三四三畝，滇一二八、〇〇〇畝，黔二〇、一二六畝），民國三十年，一、六九三、九四五畝（陝一、二六〇、三〇三畝，豫三八、六四三畝，蜀三五二、〇〇〇畝，湘一二、五五〇畝，黔二九、四四九畝），民國三十一年，一、二八一、二七〇畝（陝一、〇九〇、九九〇畝，此係調查德字棉及斯字棉之種植畝數，豫二二、六七五畝，蜀一三四、〇〇〇畝，相六、〇四五畝，黔三七、五六〇畝），後方各省棉花，於抗戰期所以未感極度缺乏者，實有賴於此耳；其中僅以四川德字棉推廣之成果而論：德字棉每畝平均皮棉產量較之當地中棉及退化洋棉，民國二十七年，增收二八・二斤，民國二十八年增收三七・六斤，二十九年增收三一・六斤，三十年增收二五・九斤，三十一年增收一八斤；自民國二十七年至三十一年，德字棉較當地棉增收皮棉產量達十二萬三千八百九十一擔，增益之價值共達一萬萬五千二百四十八萬餘元，農民之受益，亦非淺鮮。

棉業統制委員會，於民國二十四年自美國斯東威爾種子公司（Stoneville Pedigreed Seed Co. Stoneville, Mississippi, U. S. A）購得斯字棉四號及三號，德字棉五三一號及七一九號各二千磅，民國二十五年復購買斯字棉四號四萬二千磅，先行繁殖；至民國二十六年，卽開始推廣，七七事變發生大部份工作停止。抗戰期間，陝、豫、蜀三省繼續推廣，對於後方棉花生產關係至巨，卽戰後復興我國棉區亦惟二種是賴，玆簡述二種推廣演進程度如次：

斯字棉：斯字棉四號，民國二十五年在各省棉場繁殖之畝數，計陝西涇陽一、二一〇畝，河北定縣及南苑一、四四九畝，河南安陽一二二畝，山東高密一五五畝，齊東二〇〇畝，鄒平三二畝，山西臨汾二九〇畝，運城五〇畝，江蘇徐州一二五畝，湖北襄陽一〇畝，共四千五百二十八畝。民國二十八年在涇陽推廣一二、九一〇畝，南苑一三、八〇〇畝，安陽一二、一三四畝，高密一、四四九畝，齊東一、〇〇〇畝，鄒平三〇〇畝，解縣二、八〇一畝，徐州一、〇〇〇畝，襄陽一〇〇畝，總計推廣四萬五千四百九十四畝。民國二十七年在陝西推廣四二、七六六畝，二十八年一九九、六四一畝，二十九年八五二、〇〇六畝，三十年一、〇二二、一五〇畝，三十一年斯字棉四號在陝西種植之面積為九四五、二六六畝。

斯字棉三號，民國二十五年在河南太康、洛陽繁殖。二十六年在太康繁殖三八〇畝，并在洛陽推廣二、一四五畝，二十七年以後，在洛陽繼續推廣，是年推廣二、六五三畝，二十八年一三、三五一畝，二十九年一、六二七畝，二十年三、〇〇〇畝，三十一年一〇、八五三畝。

德字棉：棉業統制委員會，民國二十四年自美國購入德字棉五三一號種子二千磅，是年即在南京中央棉產改進所繁殖一〇二畝，在中央大學光華農場繁殖五十畝，與農民合作繁殖二十畝，是年共得棉籽八十五擔，是爲德字棉在中國大量繁殖之始。民國二十五年以其多餘種子，移中央大學江浦農場擴大繁殖，民國二十六年河南棉產改進所自中央農產改進所，運去種子八百擔，在靈寶棉場繁殖一一四畝。同時在陝縣大量集中推廣八、一五四畝。民國二十七年中央農業實驗所自靈寶輸進德字棉種一千擔，贈與四川省府在三台、射洪、蓬溪推廣四、九九三畝；是年河南靈寶亦推廣二、五〇一畝，川、豫共推廣七、四九四畝。民國二十八年共推廣八七、七〇〇畝（蜀五六、三一二畝，豫三一、三八八畝），民國二十九年共推廣一四七、八〇〇畝（蜀一四〇、六八三畝，豫七、二七畝），是年中央農業實驗所，并自川運德字棉種五百擔贈與西康省府，在西昌附近推廣，因無報告，未列數字。民國三十年推廣一六五、八四三畝（蜀一五八、二〇〇畝，豫七、六四三畝）。民國三十一年共推廣一一五、九五三畝（有德字棉七一九在內）。是年在陝西之栽培面積爲一四五、七二四畝。

第四節　棉種管理效果

棉產改進之根本辦法，厥爲育成適應地方環境之優良品種積極推廣之。然推廣良種，首應集中種植，以免栽培上棉種之混雜；次則集中推廣之種子，以免良種散失；方可謀推廣面積之逐年擴展，而收改良之宏效，過去雖推行地方純種主義，但無法律規定，純由農民自由領種，類多優劣混植，并由天然雜交及收花軋花之混雜，良種於推廣期間，不及數年，即已混雜劣變；且收穫以後，棉農自由出售，復由商販之攙雜作僞，乃愈爲混雜。致令改良之效，無形消滅，良種推廣之面積，無由擴大。民國二十四年棉業統制委員會爲補救此種缺憾，曾於江蘇東台試行棉種管理實驗區制度；辦有實驗區兩區，所擬辦法尙未盡善，河南棉產改進所胡竟良於民國二十五年，參酌埃及管理棉種法律，及國內情形，擬定棉作管理區管理規則十六條。條文大意：

（一）各省各棉區，由各省棉產改進所劃定適當面積若干區，呈准省政府爲棉種管理區。

（二）管理區內之棉種，由改進所隨時規定，農戶不得擅種他種棉種，違者強制剷除之。

(三)管理區內農民，對於棉花栽培，選種防治病蟲害等方法，應接收改進所之指導。

(四)管理區內所產籽花，應在區內軋花，不得運出境外，以免棉種散失。區外籽花亦不得運入區內，以防混雜，違者沒收之。

(五)管理區內棉籽，非經改進所核准，不得自由處分。區外棉籽，非經核准，亦不得輸入，違者沒收之。

(六)改進所於管理區內所設之軋花廠，得收買區內所產之籽棉，或代農民軋花。

(七)棉商在管理區內收花，以皮棉為限，除向政府領取營業執證外，幷須得改進所之許可，違者得停止其營業，幷沒收其貨品。

(八)管理區內農民，除因軋取自己生產之籽花得向改進所免費登記自備軋花車外，無論何人不得擅行設置，違者沒收其機件。

此項規定，由河南省政府於民國二十五年十二月公佈，河南省棉產改進所於民國二十六年實行。陝西省亦隨之實行。幷由實業部將是項管理規則，咨請各棉產省份省政府參考仿行。是年河南棉產改進所特於安陽大寒集，設置斯字棉四號棉種管理區，面積為一二、一三四畝；於洛陽金村，設置斯字棉三號棉種管理區，面積為二、一四五畝；於陝西大營，設置德字棉五三一號棉種管理區，面積為一一、六八〇畝。民國二十七年輸入四川德字棉籽一千擔，二十八年運入川四千三百擔，均由河南德字棉五三一號棉種管理區所供給也。陝西斯字棉四號棉種管理區，至二十八年已擴大至五四、七二二畝，故民國二十九年後，該省換種斯字棉達八、九、十萬畝。四川省自民國二十九年起，亦於三台、射洪、蓬溪三縣設置德字棉棉種管理區一萬三千畝，其出產棉種與原來毫無退化。迄民國三十一年四川德字棉棉種管理區內面積達三萬四千畝，河南靈寶一萬三千畝，陝西斯字棉棉種管理區已達十二萬六千畝。戰後黃河、長江兩流域之棉種將於是取給焉。

第五節　防治棉作病蟲害

我國棉花害蟲大規模防治，實始於棉業統制委員會之治蚜害，民國二十五年曾在河南滑縣一帶防治蚜蟲一萬八千餘畝，每畝所費僅二、三角，而所增棉產每畝約為五元，民國二十六年中央棉業改進所會同中央農業實驗所與豫、魯、冀、晉、蘇五省棉產改進所作大規模之撲治，計設治蚜表證棉田一千餘處，每處特約棉田十畝，至五十畝不等，藥費由公家擔任，人工則由田主任之；技術指導，則由指導員負責，中央及各省棉產改進所動員指導工作者計六百人。所用藥劑，為國產棉油乳劑及煙草水；施藥以浸沾法為主，噴射法次之；指導農民防治棉田面積達六十六萬二千畝，增加皮棉二萬九千八百市擔，增加農民收益一百三十四萬元，工作最著者有吳振鐘、傅勝發等。民國二十七年中央農業實驗所協同四川、陝西兩省農業改進所防治棉蚜、捲葉蟲、紅鈴蟲七萬八千零二十七畝。民國二十八年以陝、滇防治棉蚜、捲葉蟲、紅蜘蛛、紅鈴蟲等十五萬六千六百四十五畝。

棉花病害之防治，則始於四川省農業改進所，自民國二十八年起，於川北棉區之射洪、三台、遂溪、中江四縣，推行棉病防治，於七、八兩月棉株生長期間，指導農民噴施波爾多液，防止縮葉病、炭疽病、角斑病等之發生；防治面積民國二十八年為一、〇〇四畝，二十九年為四、四七七畝，三十年為一〇、〇五二畝。防治區內均設表證區，分防治與不防治兩處理，分別收花，以測定噴射波爾多液之效果。據歷年各地所設八十一表證區，平均結果；防治後，每畝可增收籽棉二十九斤。

第六節　鑿井防旱

北方雨量稀少，植棉需要灌溉，惟大部均係旱地，無充分天然水源可資吸取，自非鑿井以引用地下不可。棉業統制委員會，於民國二十五年聘請專家，分赴棉區考察，代為設計，竭力提倡鑿井事業；利用貸款，供鑿井材料之需；組織鑿井隊，代為開鑿。此項工作，以河南棉產改進所成績為優；計自民國二十六年二月至七月止，共在安陽、鄭州、太原、洛陽等處鑿成新式灌溉井八百八十口，貸款四萬九千九百零八元，可資灌溉二萬零四百畝。

第七節　指導紡織經營技術

棉業統制委員會鑑於棉紡織業，爲吾國最大民族工業，興衰隆替，有關國計民生，而吾國棉紡織業較之歐、美、日本瞠乎其後。該會特採各國成規，參酌國內實情，編訂棉紡織經營標準一書，頒發各廠；就紡織兩項各定一初步經營標準，分條敍述，俾實施改革之際，有所遵循，各廠頗能確實奉守，已獲相當進步。

土布爲我國農村副業，自「一二八」後，一蹶不振，棉業統制委員會爲謀挽救，派員指導改良，如南通素以土棉著名，已爲設計規劃，設立土布市場及漂染印整工廠，已於民國二十四年冬開市，銷場日有起色。雲南省則派員長駐指導，改良土布，已收相當效果。

第八節　培植棉業人材

凡百事業之成功，人材是尙。我國棉作改良事業之所以小有成就，教育之功，實居其首；其間東南大學、金陵大學、南通農學院，自民國八、九年卽有棉作課程，育成之人材，對於我國三十年來棉作改良事業頗多供獻。

東南大學農科，除本科經常棉作教育外，對於棉作教育，尙有左例特殊之設施。

（一）暑期植棉講習會，南京高等師範學校農科，爲傳授植棉學識起見，於民國九年夏，開辦暑期植棉講習會，來會者達一百九十三人，籍隸蘇、皖、浙、贛、豫、冀、魯、晋、蜀、楚、閩等十五省。授課凡六星期，主要課程，爲植棉學及植棉實習；補助課程，爲土壤學、農具學、病蟲害學，每星期并有三小時之植棉講演。

（二）植棉專科，東南大學農科，深感棉作實用人才之缺乏，於民國十一年春開辦植棉專科，入學資格凡甲種或甲種以上之農業學校畢業者，經考試及格，均得入學；國內實業機關之植棉技術員，經各該機關保送者得免考試，但以十名爲限；計錄取者四十六人，籍遍蘇、皖、浙、豫、秦、湘、魯、桂、黔九省；均爲農業學校畢業者；且有三分之一，曾任植棉技術員，修學期限一年，但暑假不休學。學程爲植棉學、棉作育種學、棉作蟲害學、棉作病害學、棉用農具學、棉區作物學、農場管理學、棉作植物學、棉業演講、棉作討論、農村教育學、植棉實習、棉區作物實習等，是年夏并派員赴該校各棉場實地練習。民國十二年春畢業者三十三人，服務於棉作改良機關達三分之二，餘服務於教育機關。

棉業統制委員會成立，對於棉業人才之培植，極爲重視，已辦理者如次：

(1)派遣人員出國研究：該會自民國二十三年起，先後派遣極有經驗之技術人員胡竟良、陳燕山、鄭禮華、蔣滌舊、李國楨、李永振、王桂五、趙伯基、狄福豫等赴美繼續研究；其研究科目，爲育種、植棉、棉花分級、棉業經濟、棉用農具、軋花廠設備等項，均適合我國之需要。上述諸人歸國後；均任重要職務。該會幷於民國二十四年一月，派技術專員一人，紡織工務員四人，赴日本分別研究紗廠技術管理及紡織最新工程，歷時一年餘，歸國後派在棉紡織染館服務。

(2)植棉訓練班：該會與中央大學合辦植棉訓練班一班，自民國二十三年七月開始，翌年六月畢業，計三十六人，分發各省棉場服務。

(3)棉業合作訓練班：該會與金陵大學合辦棉業合作訓練班，亦自民國二十三年七月開始，翌年三月畢業，計四十八人，分發各省工作。

(4)培植分級人才：棉花分級，在吾國爲新創事業，人才至爲缺乏，該會於民國二十三年六月，招考練習生十七人，訓練三月，授以各項應用課程，期滿後分發各地工作，民國二十五年十一月續招練習生二十八人，幷由上海、西安、陽曲三處，開設分級人員訓練班，受訓人員達三百人。

本章參考資料

(1)孫恩麐：改良推廣中國棉作應取之方針論，東南大學農科出版，民國十一年。
(2)孫恩麐等：國立東南大學農科與中國棉業，東南大學農科出版，民國十二年。
(3)棉作專刊，東大農科農學二卷四期。
(4)胡竟良：東南大學農科之棉作推廣，東大農科農學三卷四期，民國十五年。
(5)百萬棉，浙江省農業改良場總場編印，民國二十一年。
(6)湖南棉業試驗場合作場第一、二、三次報告，湖南棉業試驗場出版，民國二十一、二年。
(7)中華棉產改進會——五次年會各省報告，中華棉產改進會月刊第一——第三卷。
(8)胡竟良：農業改良推廣的基本問題——整個的管理，棉業第一卷第三期，湖南棉業試驗場出版。
(9)蕭輔、楊志復：十年來之浙江棉業，浙棉二卷三期。
(10)孫恩麐：全國原棉改進設施綱要，棉業月刊一卷一期。
(11)全國經濟委員會棉業統制委員會三年來工作報告，棉業統制委員會出版，民國二十六年。
(12)中央農業實驗所年報，民國二十七年至民國三十一年。
(13)孫恩麐：棉作試驗推廣過去工作之檢討，棉業一卷二期。
(14)河南省棉產改進所，民國二十六年工作報告。
(15)湖北省棉產改進所報告書，民國二十六年。
(16)陝西省棉產改進所，民國二十六年工作報告。
(17)棉產改進事業工作總報告（民國二十四年），棉業統制委員會出版。
(18)傅勝發、凌傳逵：民國二十六年河南治蚜經過，河南省棉產改進所叢刊第二種。
(19)凌立：三年來棉病防治經過，四川省農業改進所。

第五章　檢驗分級

第一節　棉花檢驗機關創設之沿革

棉花及其製品，爲我國入口貨之大宗，而紡織業發達之日本，多仰給於我國棉花之輸入，德、法、美等國，亦有少量粗絨棉之需要，因是棉花亦爲我國出口商品之一。惟近三十年來，我國棉花，每年輸出總額，常在一百萬擔左右（飛花廢花在內）。對外輸出，未見發展，揆厥原因固多，而最關重要者，實爲我國棉花攙水攙雜之弊太甚，致出口棉花之質量，並不增高。外棉輸入，除民國二十四年至二十六年外，反致逐年遞增，雖由於國內棉紡織業之發達，消費增加，而外棉品質齊一，復無水雜，故紗廠樂於使用外棉。欲圖棉產之振興，杜塞外棉之漏卮，首在棉花檢驗之普遍，與禁令之厲行。在昔雖有局部檢驗機關之代興，成效未著，苛擾反生。迨民國十八年，工商部商品檢驗局，奉令創設棉花檢驗處，通商各埠，出口棉花，始有保證。顧國內市場，棉花貿易，積弊如故。至民國二十三年，棉業統制委員會，有鑒於此，實行產棉地棉花攙水攙雜之普遍檢驗，廓清積弊之效始著，今述其沿革：

（一）創設棉花檢驗機關始期　吾國棉花，攙水攙僞之風，既深且久，向爲外商所垢病，最初創設棉花檢驗機關，大都發動於外商，如：（甲）上海於清光緒二十七年（西一九〇一年），由外國紡織商及棉花輸出商，合組協會，與上海道交涉，准在上海附近，設水氣檢查所三十八處。光緒二十八年，改設上海道驗水局，由我國自動負防遏滲水之任。惟成立後，經費支絀，弊害疊出，滲水程度，反致增加，日本爲國棉最大顧主，所受影響，較他國爲鉅。光緒三十年，日本紡織聯合會，遂於橫濱、神戶、門司、長崎四地，設立華棉水氣檢查所，專檢驗我國輸往棉花之水分。規定異常嚴刻，不合格退回之棉，時有所聞。光緒三十三年，在上海設立技那棉花水氣檢查所，所定水分標準，凡棉花濕度，北方棉花在一〇%以上，通州花及其他棉花在一一%以上，均拒絕買賣。檢查所之利益，殆盡為日本紡織聯合會所壟斷。其他外商，感受極大損失。遂於宣統元年（西一九〇九年）停辦。至宣統三年（西一九一一年）六月，上海紡織商及棉花輸出商，又聯合組織上海排除劣棉協會(The Shanghai Cotton Anti-Adnlteration Association)，並於棉協會下，組棉花檢查所(The Shanghai Cotton Testing House)。協會之經費，由檢查所所得檢驗費（合格者由買方出不合格者由賣方出）開支。（乙）天津棉花之滲水弊害，不亞於上海。砂土之混入，則較上海為甚。在冬季甚至通管棉包中，注水結冰，而加重重量之惡習。天津棉商，雖早感痛苦，而發起組織取締機關，則遠不及上海之早。宣統三年八月，天津歐美人商會(Tientsin General Chamber of Commerce)，聯合日本人商會，組設天津棉花排除會(Cotton Anti-adulir-ation of Tientsin)，得津埠領事團之許可，於民國元年五月，設置棉花檢查所，隸屬於該會之下。其取締辦法，與上海不同，該所僅負檢驗之責，至於管事務，則託當地海關辦理。標準濕度為一二%。凡一二%以上濕度棉花，絕對不准過關，禁其入口。開辦以來，成績良好。（丙）青島、山東棉花，滲水以外，往往於棉包中，混入大塊砂土，一般棉商，曾訂立種種協約，以圖防止，卒無大效。山東省政府遂於民國二年四月，令飭濟南商會及聊城、臨清等十四縣，實施山東棉花檢查辦法，青島棉花輸出商，如怡和、三井、日信、大有恆、協成春等二十餘家，激同埠頭局、山東鐵道實業協會及商務總會，仿效天津辦法，組織棉花檢查所。（丁）寧波由當地棉商，於民國十年設　稽道屬出口棉花驗水所，十八年八月，收歸省辦，改為浙江省立棉花檢查所。（戊）漢口市場棉花，滲水弊害，較他埠尤甚，因棉花年收豐歉而有多少之差別，豐年平均約為一三．五%，凶年平均為一五—一七%，以府河棉及裏河棉為最甚，仙桃鎮、分水嘴、狐旺嘴、雲夢、孝感等棉水分，竟有達二二%，但均屬中棉，因美棉纖維細，不能多吸水分。當地花業公所，於民國十三年，經日商贊助，籌設水氣檢查所，未經實現，僅由地方官廳，每屆新棉上市，派遣員役，至花行檢查，遇有含水過多之棉花，科以罰金，此等辦法，成效甚鮮，不過為役吏開一取賂之門徑而已。此滬、津、青、甬、漢各埠，先後設立檢驗機關之情形也。此種檢驗機關，大都爲外商或中外商人聯合組成，旋興旋撤，名稱不一，辦法各異，其設置較久者，僅上海、天津兩埠之棉花檢查所，兩所雖由中、日、歐、美棉商組成，內部悉由外人支持，苛擾勒索，怨讟煩興，主權旁落，損辱國體。迨民國十八年四月至九月，各埠商品檢驗局先後成立，此等機關，方始撤銷。

（二）商品檢驗局檢驗棉花時期　國民政府，鑒於上海、天津棉花出口，須由外商檢驗，喪失主權，爰於民國十八年，分在上海、天津、寧波、濟南、漢口等處，先後成立商品檢驗局，局內有棉花檢驗處，專司出口棉花檢驗。上海商品檢驗局，成立最早，民國十八年四月成立，規模宏大，創制各項棉花檢驗法則，多爲其他各局所取法，檢驗合格出口之棉花。日、美各國，極爲滿意。該局鑒於僅注意出口檢驗，仍不能收澈底清除摻雜積弊之效，曾有擴大檢驗之計劃，擬分三步進行：第一步出口棉花檢驗，自民國十八年四月一日施行，繼續至滲水棉花絕跡於市場。第二步紗廠用棉檢驗，自民國十九年二月一日起，先在上海施行，強迫檢驗，逐漸推至寧波、南通、無錫、蕪湖等處。第三步棉花產地檢驗，從宣傳及軋戶登記入手，但以區域遼闊，僅完成出口檢驗，餘未舉辦。

（三）棉花普遍檢驗時期　民國二十二年，棉業統制委員會成立，所定事業計劃，對於取締攙水攙雜及混雜粗絨，列有詳細計劃，及實施棉花分級計劃，擬以有系統方法，執行檢驗事業，期於短期內，達到禁絕目的。並提倡棉花品級，爲改進棉花品質，促進改良棉種推廣。特於該會原料棉部，設置檢驗科，籌劃攙水積弊，根本剷除辦法。擬定取締棉花攙水攙雜辦法草案，會同華商紗廠代表、檢驗局、法律顧問，共同討論，並徵詢棉商意見，決定取締棉花攙水攙雜原則。經委員大會通過，送請全國經濟委員會，轉請行政院審核，修正爲取締棉花攙水攙雜暫行條例，送由中央政治會議核交立法院審核，呈奉國名政府於民國二十三年十月十日公布。並於同年九月二十日明令，定十月一日爲施行日期。又同時公佈施行細則。棉業統制委員會，即於是年十月十五日組設中央棉花攙水攙雜取締所於上海。中央棉花攙水攙雜取締所，並兼江蘇省及上海市取締事宜。其他產棉省份，如河南、陝西、山東、湖北、湖南等省，亦均先後成立省棉花攙水攙雜取締所。各省取締所下，設分所；分所下，設辦事處或查驗處。除各商埠出口檢驗，仍由各商品檢驗局辦理外，產棉地及廠用棉花之普遍檢驗取締，均由各省取締所負其責。

第二節　棉花檢驗辦法

我國棉花，攙雜物之種類爲：水分、棉子、籽棉、泥砂、石膏、飛花、廢花及低級棉等。其弊害則爲：(1)棉花不堪久藏；(2)堆集時發生熱度，引起自燃；(3)種子及棉花，均易腐敗；(4)纖維之光澤消失，且變軟弱；(5)棉花發生黴斑；(6)紡織機器，常因以損壞；(7)和花不勻；(8)紡織時，回花廢花增加；(9)因水分雜質增重棉價運費及關稅亦隨之增加；(10)輸出國外，常有退回之虞。此種積弊，影響棉產之發展，至深且鉅。此中外棉商紡織商及我國政府，所以力謀鏟除之也。檢驗棉花攙水攙雜之方法：

(甲)宣統三年上海排除劣棉協會之辦法：

(一)檢查規則　棉花含水分在一二%以下者爲合格，一二%以上一四%以下之棉，若經賣買雙方之同意，可以允許折扣成交，超過一五%之棉花，則絕對禁止賣買。

(二)檢驗水分方法　先由檢驗者，馳往請求檢驗棉花之堆棧，考察棉花狀態，任意取一〇%—二〇%作爲棉樣，封閉於錫筒中，送檢查所。檢查所從棉樣中，取五十克，編號入烘箱中，烘箱保持華氏二百二十度溫度，經一時十五分後，水分完全蒸發，取出權其重量，計算其含水百分數。

(三)輸出棉花手續　輸出棉花商，在輸出之前，向上海棉花檢驗所提出棉花檢查請求書（Application for Cotton test），經檢驗合格後，即可領取檢查棉花憑單（Cotton test Certipicate），將此憑單，附於輸出請求書內，送往海關，方得報關出口。

(乙)商品檢驗局檢驗出口棉花之辦法　茲舉上海商品檢驗局之例（民國十八年六月十七日國府修正公佈，

棉花檢驗細則）：

（一）檢查規則　凡在上海進口之棉花，均應遵照規定，請求檢驗。經由上海進口復出口之棉花，亦須檢驗。印度棉、美洲棉，由上海進口復出口時，亦應請求檢驗。凡上海特別市境內，及其附近各地之紗廠，自用之棉花，或同業互相買賣之棉花，如願檢驗者，均得請求依法檢驗。檢驗局檢驗棉花所含水分，暫定爲百分之十二爲標準，百分之十五爲合格。如濕度超過百分之十五，或攙有他種雜質在內者，認爲不合格，不給證書，不准報關出口：

（二）檢驗方法　檢驗局獲得商人申請檢驗單後，派員扦樣。其扦樣辦法，因棉包之種類而略異，其辦法：布包、蔴包花衣，每百擔開樣包四件，扦樣四筒，每筒以一磅爲限，不及百擔者亦按百擔計算，超過百擔者，依次遞加；機梱大包，每百包開樣包四件，扦樣四筒，每筒約以二磅爲限，不及百包以百包計，超過者遞加。樣花入筒後，須立即用封條封固，裝袋梱札，並加蓋火漆印，回局加以檢驗。檢驗棉花水分之方法：烘箱溫度爲華氏二百七十度，取出樣花，每筒秤棉五十克，置入烘驗箱之鐵絲框中，經四十五分鐘，翻樣一次，共經九十分鐘完畢，取出再秤，計算水分。檢驗攙入石膏、肥田粉，取樣棉二十克，淨燒杯盛之，放入華氏二百六十度烘驗箱，經一小時取出，用黑紙舖桌上，將烘乾棉花，以手拍之，將落下之石膏等秤之，計算其攙和量。如欲精知，則用化學方法檢驗之，其他攙雜物如土砂、棉子、籽棉及下級花，亦均有精密方法以檢驗之。

（丙）棉業統制委員會中央棉花攙水攙雜取締所，普遍檢驗之辦法，其取締手續，分查驗及抽查二種，簡敍如次：

（一）查驗　凡設有取締分所，或辦事處地點，所運輸之棉花，一律須查驗合格，並發給合格證書，及貼粘查驗證，方准放行。查驗方法，依照查驗辦法辦理之。其查驗手續如次：

（1）棉商到所報驗，派員前往扦樣，凡經扦樣之棉包，加蓋扦訖標印，棉樣攜回，依法檢驗之。

（2）查驗棉花，發生爭執時，應將棉樣扦入樣筒，同樣四分，密封，雙方簽字，以一份存當地辦事處，三份送至分所取決，如再有爭執，由當地分所，將二份棉樣，送中央棉花攙水攙雜取締所，作最後公斷。

（3）查驗棉花時，報驗人如不服分所檢定，經中央取締所公斷後，報驗人所請復驗之棉花，如確係不合格，除照法定手續辦理外，並應負賠償聲請復驗期間執行機關所受之一切損失。對於執行人員，如有瀆職之處，亦依法辦理。

（4）凡過境棉花，在他處業已查驗者，應查驗其查驗證，並調驗合格證書，加蓋印章放行。

（二）抽查　凡未曾設立取締分所或辦事處之各縣、市、鄉，得由分所或辦事處派員抽驗，其抽驗之手續如次：

（1）先由分所主任，規劃區域，派員抽查。

（2）抽查時，查有攙水攙雜之實據者，通知當地公安局拘捕，依法懲辦。

（三）棉商登記　由各區分所會同當地政府辦理，棉商、花行、軋戶、秤手等實行管制，凡已核准登記者，如發生攙水攙雜情事，取銷其執照，停止其營業。

棉業統制委員會自民國二十三年實行產地棉花攙水攙雜攙粗檢驗，至民國二十五年止，共查驗抽驗棉花數量，計七百四十二萬九千五百零一公擔。棉花所含水分、雜質，在各省市取締所未開辦前，水分平均含量爲百分之十五以上，雜質平均爲百分之十，經取締所取締後，逐年減低，至民國二十五年，水分平均爲百分之一一・〇四，計降低百分之四，雜質平均爲百分之一・三二，已降低百分之八而強。以紡紗每件減低成本五元計，全國出產一百六十萬件，每年至少可節省成本八百萬元。此爲最顯著之成效。

第三節　棉花分級

吾國市場棉花貿易，向沿用地方名稱，與商業習慣，並無一定標準，棉業統制委員會制定國產美棉、中棉品級標準，纖維長度標準，及強度標準。品級標準，共制成一千八百餘套，分發各地。爲實施分級之依據，並訂立棉花品級標準差價及棉絲長度標準差價，分錄如次：

（1）棉花品級標準差價表（以法幣為單位）

類別＼級別＼加減	優級	次優級	上級	次上級	中級	次中級	下級	次下級	平級
美棉	加五・五	加四・二五	加三・〇	加一・五	標準	減一・五	減三・五	減五・〇	減[illegible]・〇
中棉甲種	加三・五	加二・二五	加一・〇	減〇・二五	減一・五	減二・七五	減四・〇		
中棉乙種	加三・〇	加一・七五	加〇・五	減〇・七	減二・〇	減三・二五	減[illegible]・五		
中棉丙種	加二・〇	加〇・七五	減〇・五	減一・七五	減三・〇	減四・二五	減五・[illegible]		
中棉丁種	加一・〇	加〇・二五	減一・五	減二・七五	減四・〇	減五・二五	減六・五		

（2）棉絲長度標準差價表（以十六分之一英寸為一級單位為法幣）

長度	$\frac{7}{8}$	$\frac{15}{16}$	1″	$1\frac{1}{16}$	$1\frac{1}{8}$	$1\frac{3}{16}$	$1\frac{1}{4}$
應加價格 美棉種	標準	一・五	三・〇	四・五	六・〇	[illegible]・五	[illegible]・〇
應加價格 中棉	標準	一・〇	二・〇				
長度	$\frac{7}{8}$	$\frac{13}{16}$	$\frac{3}{4}$	$\frac{11}{16}$	$\frac{5}{8}$	$\frac{9}{16}$	$\frac{1}{2}$
應減價格 美棉種	標準	[illegible]・五	三・〇				
應減價格 中棉	標準	[illegible]・〇	[illegible]・〇	[illegible]・〇	四・〇	五・[illegible]	六・〇

棉業統制委員會自民國二十三年起，卽派遣分級人員分駐冀、晉、豫、蘇、鄂等六省合作社，實行棉花分級檢驗。而各省機器打包廠、棉業公司及紗廠等、亦均紛起實行，我國棉花分級事業，已樹立初步基礎。

本章參考資料

(1)葉元鼎等：棉花檢驗政策，工商部上海商品檢驗局叢刊第一種，民國十八年。
(2)徐右方等：剷除棉花攙水攙雜積弊之檢驗，工商部上海商品檢驗局叢刊第五期，民國十九年。
(3)葉元鼎等：棉花品級問題，實業部上海商品檢驗局叢刊第七期，民國二十年。
(4)棉花攙水攙雜取締事工作總報告，棉業統制委員會中央棉花攙水攙雜取締所專刊第一、二種，民國二十四年及二十五年。
(5)棉花分級標準說明書，棉業統制委員會淺說第三號，民國二十六年。
(6)全國經濟委員會棉業統制委員會三年來工作報告，民國二十六年。

第六章　棉產統計

第一節　我國棉產統計之演進

統計一事，歐美諸國，極爲重視。蓋社會事物繁多，個體敍述，則混亂不便思考；必綜合比較，始知梗概。今則凡百事物，無不藉統計方法，以促進步！如統計人口，以分配兵役名額；統計病人，以設醫院；統計死亡，以謀保險；統計生物，以知遺傳；統計農產，以謀分配是也。中國以農立國，農產品統計，向付缺如。舉國不知其生活品供求狀況，政府將何從計盈虛，謀補苴，以爲施政令決國策之張本？中國棉產雖始雖久，在閉關經濟時代，罕有統計。民國建元以後，棉紡織工業漸興，原棉產銷狀況，始爲政府及社會所關切，外人特爲重視，而日本其尤者也。每至秋季國內棉產要區，如南通、湖北、山東、河北諸地，無不有日人深入內地，詳盡調查。美國使館，特設專員，負中國棉產調查之責。吾國政府，舉辦棉產調查，始則有農商部，民國三年之農商統計及整理全國棉業籌備處之棉產統計，旋即中輟。社會團體之舉辦調查者，則華商紗廠聯合會之棉產調查，歷史最久，貢獻於紗廠棉商及棉產改進者最大，及後有民國十八年立法院統計處之棉產統計，及中央農業實驗所民國二十二年起之農情報告，但均不及華商紗廠聯合會之較爲精確。

（一）外人之中國棉產統計　世界棉產統計最早者，厥爲美國，始於一八七〇年，印度、埃及亦遠在一九〇〇年以前，中國棉產之地位，早爲外人所注意，歐美棉業界所發表之世界棉產統計，亦多有中國在內。其數字類多推算而得，固未可盡信，但在我國未有自辦統計以前，其推算之數字，仍足引爲參考。茲錄英國著名棉業統計家 William H. Slater 所發表之世界棉產統計，以覘我國過去棉產之大概，及與世界棉產之關係。

William H. Slater 世界棉產統計表

年度	美國	印度	埃及	俄國	中國	其他	共計
一九〇〇年（每五年平均數）	九、八九二	二、二八五	一、二二四	三八八	一、〇六〇	六七五	一五、五二四
一九〇五年（每五年平均數）	一〇、八〇一	二、六三五	一、二四〇	四八八	九六八	七九四	一六、九二九
一九一〇年（每五年平均數）	一一、八四七	三、二五七	一、三〇〇	七四〇	一、九二二	九七四	二〇、〇四〇
一九一五年（每五年平均數）	一四、一七六	三、四七一	一、三五八	一、〇五六	二、四八二	一、一二九	二三、六二一
一九二〇年（每五年平均數）	一一、九三一	三、六一三	一、一一四	四八九	一、五八四	一、二七二	二〇、〇〇三
一九二五年（每五年平均數）	一一、七一八	四、二六九	一、三一四	二九六	一、八三〇	一、八三五	二一、二六二
一九二八年（每五年平均數）	一五、〇二七	四、五六九	一、四七二	八〇五	一、七九四	二、一四三	二五、八二
一九二八年（一年）	一四、四七八	四、五一〇	一、五六九	一、一〇〇	一、五五〇	二、三〇七	二五、五一四
一九二九年（一年）	一四、九一九	五、四〇〇	一、五八三	一、三二五	一、五〇〇	二、七七三	二七、五〇〇

前七行爲五年平均數，如一九〇〇年卽指一八九六年至一九〇〇年之五年平均數。所列數量均以一千包爲單位，每包五百磅。民國以宣統三年（一九一一）至民國四年（一九一五）之五年間，平均數二百四十八萬二千包爲最大，約合九百三十萬擔。光緒二十二年（一八九六）至光緒二十六年（一九〇〇）五年平均每年產一百零六萬包。光緒二十七年（一九〇一）至光緒三十一年（一九〇五）五年間平均每年產九十六萬九千包。光緒三十二年（一九〇六）至宣統二年（一九一〇）五年間平均年產一百九十二萬包。在光緒三十一年以前，中國棉產居埃及之次，爲世界第四棉產國。光緒三十二年以後，棉產始超過埃及，躍居世界第三棉產國。

（二）農商部農商統計　我國政府，舉辦棉產統計，最早者當推民國初年農商部農商統計之棉產一項。農商部之農商統計，始於民國元年至民國九年止。但自民國二年起，始列農產，故棉產統計，亦自民國三年始。其方法係由農商部製定調查表，分發各地官廳填報彙編而成。調查範圍爲：直隸、京兆、山東、山西、河南、陝西、甘肅、江蘇、浙江、安徽、江西、福建、湖北、湖南、奉天、熱河、新疆、廣西等十八省區。產棉省份，所遺漏者甚少。發表則極遲，須三、四年後，始見報告，已失統計之效用。茲錄其全國總額如次：

農商部棉產統計表

年份	全國棉田（畝）	全國總產額（斤）
民國三年	二八、四一五、九〇二	一、五七三、九七七、一〇九
民國四年	三二、八九四、七二〇	八、八四三、一九六、三三二
民國五年	四〇、一六三、三七四	一、八六四、九二八、四三七
民國六年	四七、六〇九、三一六	三、〇八九、四七九、三二一
民國七年	五一、六八一、四五七	二、三七二、〇四二、一一二
民國八年	四五、六三四、七九五	三、三〇四、四一七、四四三
民國九年	二九、六九五、〇九五	二、二六九、一八四、三二四

農商部之棉產統計，頗多可議之處：產額一項，未註明子棉或皮棉。當係籽棉以各年之棉田面積，與產額推算。民國三年每畝產棉五十五斤，民國四年每畝平均竟產二百六十九斤，較民國三年每畝多四五倍。若就各省數字觀之，如民國五年陝西省每畝平均產六斤，廣西省每畝平均產五百八十三斤，其爲錯誤無疑。棉田一項，如河南省棉田面積較全省總面積尤增大百分之二十，均不甚可信。今以其爲我國最早之統計，故存之。

(二)整理棉業籌備處之統計　民國八年，政府爲謀棉業改進，成立整理全國棉業籌備處，分植棉與紡織兩部。植棉部於是年亦有全國棉產調查之舉，至民國十年停止，此項統計，視農商統計已有進步，刊有中國棉業調查錄二册。調查省份爲：直隸、湖北、江蘇、山東、陝西、河南、湖南　浙江、安徽、山西、江西十一省。範圍較農商部所調查者爲少，棉產仍以子棉，如改算皮棉，則其數字較華商紗廠聯合會所調查者爲小。

(三)華商紗廠聯合會之估計統計　自第一次歐戰發生，中國棉貨市價暴漲，紡織業勃興，紗錠驟增一倍，棉花銷費量激增，棉花生產狀況，遂引起棉業界之注意，華商紗廠聯合會於民國七年成立，民國八年春，該會卽決定派員分赴國內各主要產棉區域，調查棉作情形，及收穫量，是爲我國實地統計棉產之始，華商紗廠聯合會棉產調查區域，自民國八年至十七年，僅河北、山東、山西、河南、陝西、江蘇、浙江、安徽、江西、湖北等十省，至民國十八年，始將湖南加入，民國二十年加入遼寧一省，但一年卽停止。四川省則直至民國二十四年始加入，調查範圍，遠不及農商統計之棉產省數，該會民國八年調查時，兼及民國七年份棉產額，因之該會統計報告棉產額，自民國七年始，棉田則始於民國八年，是年將調查結果，刊印棉產調查，公之社會。民國九年至民國十二年四年間，賡續進行，一如民國八年。自民國十三年始，該會鑒棉產統計發表，至早次在歲底，發表仍遲，爲用亦少，因決定仿照美棉辦法，試行估計。在棉作收穫期中，分期發表預測。惟估計棉產，各棉區須駐專員，需費甚鉅，殊非該會財力所能任，乃採取美國估計中之輔助辦法，將估計各要項，刊印估計表，分寄國內各棉區之棉場、農場或實業機關，請其按預定時期，就當地棉作情形估計最後收量，塡註寄還，然後彙集各地報告，以前一年統計爲準，就收成百分比較而估計產額之大概，並訂於八月十日，八月廿五日，九月十日及九月三十一日，爲估計發表期，並按照過去辦法，派員調查棉收，先經估計，再事統計，結果必較進步。詎是年第四次估計時，國內戰爭發生，統計遂因中輟，民國十四年，因五卅案起，國內不靖，估計報告，多不能如期寄到，僅有一次估計，亦未能進行。民國十五年，僅辦江蘇、浙江、河南、山東四省估計、統計，十三年十四年之棉產，並經統計，民國十六年僅辦統計，未辦估計。民國十七年，國內較靖，乃得賡續民國十二年計劃，舉辦估計統計，並兼調查十六、十五兩年棉產。如此賡續至民國二十六年，因抗戰軍興，民國二十七年以後，此歷史悠久之棉產估計統計事業，遂爾中斷！華商紗廠聯合會之棉產調查歷史較久，且始終由蔣迪先主其事，故其數字比較精確，尤以民國十八年以後之數字為然，業被我國人士及美國農會及美國農部所採用。但其歷年所發表棉產統計，錯誤亦多，蔣迪先已自言之，就區域言：調查之棉產省份，初僅河北、山東、山西、河南、陝西、江蘇、浙江、安徽、江西、湖北十省，後增湖南、四川兩省，共僅十二省；其他遼寧一省，日人植棉甚力，遼陽一帶，棉產與歲俱進，產額在四、五十萬擔，僅調查一年，即行中止；新疆棉產，久稱於世，產額亦在二十五萬擔左右；至如熱河、廣西、貴州、雲南諸省，亦均產棉，均未列入調查，故雖稱全國，實則所缺尚多。就調查人員言：每省僅一、二人，時間又短，遺漏勢所難免；歷年統計比較實際產數為小，其差數最初數年較小，嗣後則較大；蓋最初調查時，調查員情形不熟習，調查面積、產量，每失之過多也。民國八年，湖北棉田僅一、四七八、〇〇〇畝，不確。即以產棉量一、二〇七、〇〇〇擔比較，已足證明。因是年湖北報告，棉田多未填寫，故調查亦易錯誤。就調查報告言：民國九年，缺河南省，民國十年湖北襄水流域未調查，故民國九年，棉產當在七百萬擔以上，民國十年湖北棉田約少三百萬畝，產額少八十萬擔，雖然照紗廠團體，任此艱鉅，始終不懈，可貴也矣！

(四)立法院統計處統計　民國十九年，立法院統計處，曾有統計發表，中有棉產統計數字，來源係據各縣報告，亦即報告人認為平常年應生產之數字，仍係填報性質，而非實地調查。惟報告區域，則較華商紗廠聯合會所調查者為廣，遼寧、熱河均有填報。

(五)中央農業實驗所農情報告　中央農業實驗所自民國二十二年開始辦理農情報告，徵集各省農情報告員，都六千人，分佈一千二百餘縣。報告事項，關於農業之各種問題，棉產其一也。農情報告員報告農作物面積時，指出估全耕作面積之幾成。中央農業實驗所集全縣各表平均之，再以主計處發表之該縣耕種面積乘之，而得該縣某種農作物之栽培面積，因此報告員，填報某種農產所佔耕種面積之百分數，固須精確，而主計處發表之某縣耕種面積，若有偏差，則所得結果，仍不可靠。主計處成立以來，即函託各縣縣長及郵局長，調查各縣耕地面積，及人口數，縣長郵局長之調查，大都翻檢稅册或舊日農商部政務廳公報，抄塡回復，亦有延未查報，遺漏不全，其發表者，常有多數縣份，其耕地面積，大於陸地測量局地圖之土地面積，報告員之農作物佔耕地百分數，尤不精確，故該所歷年農情報告，所發表之棉田面積及棉產額，失之過大，均與華商紗廠聯合會所發表之棉產統計，差異甚巨，頗難置信。

第二節　我國棉產概況

（一）全國棉田及產額　吾國產棉省份，雖有十八省，但紗廠聯合會之調查，則僅有河北、山東、山西、河南、陝西、江蘇、浙江、安徽、江西、湖北、湖南、四川十二省（原有十三省，但遼寧僅有一年調查），依華商紗廠聯合會之統計：自民國八年至二十一年，棉田面積常在三千萬畝上下，皮棉產額常在八百萬擔左右；民國二十二年棉田超過四千萬畝以上，產額近一千萬擔；民國二十三年棉田達四千五百萬畝，產額達一千一百萬擔；民國二十五年棉田面積增至五千六百萬畝，產額增至一千四百五十萬擔；民國二十六年，棉田為六千四百萬畝，產額亦在一千萬擔以上，茲錄表如次：

中國歷年棉田面積及產額表（民國八年——二十六年）（根據華商紗廠聯合會調查）

年份	棉田面積（畝） 黃河流域	長江流域	共計	黃河流域（佔%）	長江流域（佔%）	皮棉產額（擔） 黃河流域	長江流域	共計	黃河流域（佔%）	長江流域（佔%）
民國八年（一九一九）	21,518,907	11,518,974	33,037,881	65%	35%	4,562,795	4,465,595	9,028,390	51%	49%

民國九年（一九二〇）	21,609,045	6,718,252	28,327,297	76%	24%	1,507,252	5,243,151	6,750,403	22%	78%
民國十年（一九二一）	17,216,310	10,999,858	28,216,168	61%	39%	3,012,495	2,916,725	5,929,220	51%	49%
民國十一年（一九二二）	15,824,458	17,640,137	33,464,595	47%	53%	3,019,499	5,290,856	8,310,355	36%	64%
民國十二年（一九二三）	17,042,225	12,518,208	29,560,433	57%	43%	3,692,786	3,448,856	7,141,642	51%	49%
民國十三年（一九二四）	17,786,856	10,984,721	28,771,577	51%	49%	2,935,330	4,873,552	7,808,88	37%	63%
民國十四年（一九二五）	17,070,136	11,050,891	28,121,027	60%	40%	3,432,044	4,102,337	7,534,381	45%	55%
民國十五年（一九二六）	16,896,547	11,453,180	28,319,727	59%	41%	2,641,512	3,607,073	6,248,585	42%	58%

民國二十二年（一九三三）	民國二十一年（一九三二）	民國二十年（一九三一）	民國十九年（一九三〇）	民國十八年（一九二九）	民國十七年（一九二八）	民國十六年（一九二七）
22,139,652	19,973,685	14,700,168	26,618,873	25,598,067	22,707,206	16,388,797
18,314,371	17,126,115	15,795,181	10,978,139	8,213,191	9,219,105	11,221,479
40,454,023	37,099,800	30,495,349	37,59[illegible],012	33,810,258	31,926,311	27,610,276
54%	53%	48%	70%	75%	71%	58%
46%	47%	52%	30%	25%	29%	42%
5,287,020	4,247,934	4,073,473	3,769,938	2,211,568	2,042,172	2,837,774
4,557,187	3,857,703	2,148,727	5,039,622	5,375,453	6,797,102	3,884,334
9,774,207	8,105,637	6,222,200	8,809,557	7,587,021	8,839,274	6,722,108
53%	52%	65%	42%	29%	23%	42%
47%	48%	35%	58%	71%	77%	58%

民國二十三年（一九三四）	22,071,491	22,899,773	44,971,264	49%	51%	6,897,747	4,304,252	11,201,999	52%	48%
民國二十四年（一九三五）	20,388,511	14,637,383	35,025,894	58%	42%	4,045,085	4,087,826	8,132,911	49%	51%
民國二十五年（一九三六）	27,271,312	28,989,430	53,210,742	48%	52%	7,173,331	7,334,899	14,508,230	49%	51%
民國二十六年（一九三七）	27,552,142	36,810,243	64,362,385	44%	56%	6,177,194	4,473,937	10,651,181	57%	43%

（二）各省棉產區域　吾國棉作栽培區域，較爲集中。各產棉省份，全省各縣，並不完全產棉，卽產棉縣份，亦不完全植棉，在未有棉產統計以前，棉產之分佈狀況，已不可考，卽自有統計以來，因年代不同，棉田逐漸擴展，亦頗不一致，茲僅就民國八年至民國二十六年間，各省之棉產分佈，擇要述之：

河北　河北全省棉產，遍及全省，主要棉產地，在中南部平野，可分三區：（1）西河區，有上西河、下西河之分，上西河卽大清河，下西河卽滹沱河、子牙河及漳河流域，乃天津西部諸州之總稱，在平漢鐵路沿線，如咸安、廣宗、束鹿、曲周、正定、趙縣、晉縣、定縣、永年、元氏、寧晉、磁縣、滿城等縣，年運天津約百萬擔。（2）東河區——乃北塘河、海河及灤河之總稱，如豐潤、玉田、寧河、唐山、香河、武清、寶坻、通縣、南苑、固城等縣，全產美棉，年運天津約三十萬擔。(3)南御河區——如南宮、威縣、薊縣、吳橋、東光、南皮等縣，運銷天津，年約十萬擔，全省年產，在二百萬擔左右。

山東　山東省東南部多丘陵，不適植棉，西北西南平野相接，居黃河入海之口，泥沙沖積，適於植棉之用，且自禁種罌粟及高粱以來，棉田日增。棉產區域，多分佈於省之西部，沿黃河一帶，如臨清、齊東、高塘、夏津、清縣、武城、邱縣、清平、堂邑、曹州等縣，多為京字棉及脫字棉，東部濱州、蒲台、利津多粗絨。泰山附近，不產棉。山東年產棉一百萬擔以上，美國陸地棉，於一九〇八年，在本省開始試種。

山西　山西主要棉區：(1)分佈於汾水下游，臨汾以南地帶，即舊河東道屬，如榮水、洪洞、臨汾、河津、解縣等縣，臨汾以北，產棉極少。(2)涑水流域之永濟、虞鄉、猗氏、夏縣、平陸、聞喜、安邑、曲沃、臨晉等縣，全省年產約三十萬擔，本省美棉，自一九一九年以來，始由官廳配布試種。

河南　河南省以淮河本支流之平野，最為富饒，黃河沿岸及洛水、白河、唐河等流域之平野次之，適於棉之栽培。往昔種植不廣，自民國四年，本省實業廳銳志獎勵以來，棉田始見增加，全省產棉縣份有八十四縣，產棉主要產區：(1)黃河北岸，如安陽、武安、湯陰、汲縣、臨漳、新鄉、獲嘉、原武、陽武、修武等縣。(2)黃河南岸，如洛陽、偃師、閿鄉、陝縣、靈寶、澠池等縣，靈寶全係美棉，纖維長，靈寶棉曾馳名全國。(3)漢水流域，如南陽、唐縣，鄧縣、新野等縣。全省年產棉約六十萬擔。

陝西　陝西、山西，自民國成立鴉片禁種，兩省植棉始漸增加，涇惠渠成後，植棉始盛，本省棉產密集於渭水兩岸，南北兩山之間。棉花產區：(1)渭河流域，如渭南、臨潼、長安、涇陽、三原、高陵、富平、咸陽、華陰、華縣等縣。(2 黃河流域，包括韓城、朝邑、郃陽、大荔等縣。(3)漢水流域，西自沔縣，東至固城，延長凡三百餘里，稱漢中平原，極適植棉，惜未普及，僅南鄭、洋縣較為繁盛，全省年產八十餘萬擔。

江蘇　因長江流沙堆積，形成江、浙平原，西起鎮江，東迄於海，北連淮河及舊黃河沿岸平野，南至杭州灣，長江橫貫其間，湖沼散在，運河迂迴，水利陸運，均極便利，土地肥沃，濱海之區，潮汐浸潤，誠一植棉適宜之區，兼清季張謇之倡導植棉，故蘇省棉產向卽稱盛，本省棉產主要區域：(1)大江以北，濱海各縣栽培最盛，如南通、如皐、海門、靖江盛產通棉，及雞脚棉；海門、南通、東台、鹽城、阜寧一帶，鹽墾區全產美棉。(2)大江以南，如上海、寶山、南匯、松江、太倉、嘉定、奉賢、川沙、金山、靑浦一帶，盛產白籽棉；在黃浦江以西所產者，名太倉白籽棉；黃浦江以東出產者，名浦東白籽棉；在常熟，江陰及太倉北部，產黑籽棉；以常陰島出產常陰沙棉，品質最優。(3)黃河故道沿岸，銅山、沛縣、豐縣、蕭縣，自入民國以來，昔不甚產棉。自民國十二年，積極提倡以來，種植較盛，將來希望遠大，全省年產二百萬擔。

浙江　浙江省向以蠶桑著名，植棉並不普及，棉產區域，分佈於錢塘江兩岸，南岸較北岸爲盛，錢塘江江口沿海一帶，亦產少量，如餘姚、紹興、慈谿、上虞、蕭山、平湖、鎭海等縣，全省年產三十萬擔。

安徽　境內多山，植棉不盛，且甚散漫，主要棉區：(1)長江沿岸，包括盧江、桐城、東流、貴池、宣城、南陵、望江、寧國、和縣等縣，以東流縣棉產，較爲密集；和縣之烏江衞花，最爲有名。(2)淮河南岸棉產區爲渦陽、懷遠、定遠、合肥等縣，而以巢湖附近之合肥產額最盛，爲全省之冠。本省年產十餘萬擔。淮河北岸，最宜植棉，尙待開發。

江西　贛江流域，雖多平原，以可耕地甚少，且多種稻，故江西棉花主要產地，僅限於長江沿岸之九江、彭澤，彭澤及鄱陽湖畔之鄱陽、都昌、餘干等縣，全省年產棉僅八萬擔。

湖北　湖北，與河北、江蘇均爲我國三大最繁盛主要棉產地。湖北向以產胡蔴著名！歐戰前(西一九一四前)，輸出達百七十萬擔。歐戰時輸出驟減，一九一七年僅輸出三十三萬擔，因之胡蔴產地，改種棉花，淸時湖北鴉片栽培頗盛，自禁止以來，大都改種棉花；兼之張之洞獎勵植棉與輸種美棉，此湖北植棉發達之遠因也。全省棉花產額，常在二百萬擔上下，主要棉區：(1)漢水流域沿岸，包括襄陽、棗陽、光化、谷城、宜城、隨縣、潛江、天門、沔陽、雲夢、孝感等縣。(2)長江流域沿岸之枝江、松滋、江陵、公安、石首、監利、漢川、黃岡、麻城、廣濟、黃梅等縣。

湖南　湖南西南部，山嶺重疊，甚少植棉，主要棉產區域，爲洞庭湖濱各縣，如澧縣、常德、華容、安鄉、南縣、沅江、漢壽、湘陰等縣。全省年產二十萬擔，據宣統三年之調查，全省栽培面積二十五萬畝，產額數萬擔云。

四川　四川地大物博，爲本部各省冠，自禁種鴉片後，甘蔗、茶樹、小麥、均漸試植，棉產則進步殊緩。自清末周孝懷獎勵美棉以來，風氣始開，全省主要棉區：(1)涪江流域，爲三台、射洪、蓬溪、遂寧等縣。(2)沱江流域如，金堂、簡陽、仁壽等縣。(3)嘉陵江流域之蓬安、儀隴等縣。全省年產三十萬擔，自民國二十七年輸種德字棉以來，成績頗佳。

雲南　本省棉產極稀，以怒江及麗江沿岸一帶，有少數種植，產地爲婆兮、布沿、蒙自、彌勒、賓川等縣，棉種爲中棉及陸地棉。陸地棉據傳來自安南。開遠、蒙自多木棉，輸入年代不可考，或謂數十年或謂數百年，或疑由雲南回教徒自埃及輸入。民國二十八年，開、蒙一帶，推廣木棉栽培，將來甚有發展希望。

遼寧　遼寧棉產地，爲遼河、大凌河及遼東灣沿海岸之營口、海城、綿縣、義縣、遼陽、綿西、蓋平、黑山、鐵嶺、康平等縣，而以遼陽爲最盛。據民國二十年之調查，全省棉田一百十四萬畝，產額十七萬擔，「九一八」以後，經日人經營，以遼陽爲中心，北至長春，南至大連，均略有栽培，棉種除中棉外，陸地棉亦宜，以「關農一號」爲最有希望。「關農一號」係由木浦金字棉中選出，早熟，尚豐產，年產十萬擔。遼寧北部及長春，僅宜中棉，以「遼陽一號」及鄭家屯棉，較有希望，年產二十萬擔。

熱河　熱河產棉不多，產地在省之東部，朝陽等縣與遼寧省棉區相接。

甘肅　甘肅棉產極稀，產地可分兩部：(1)隴南區爲渭河及嘉陵江上游，河谷平地，如渭源、隴西、甘谷、天水、徽縣、成縣等縣。全區棉田，不過十萬畝，昔均中棉，現多改植美棉。(2)河西區，甘肅省黃河以西，統稱河西，東南自永登，西迄敦煌，成一狹長之地帶，河西區棉田，不過五萬畝上下，分佈極爲散漫，可分兩區：(一)黑水、白河流域，如張掖、臨澤、高台、金塔、鼎新等縣，全體占河西棉田二分之一，分佈以中游為多，愈上愈稀；(二)疏勒河、黨河流域，包括：玉門、安西、敦煌三縣，玉門所產，不在疏勒河沿岸，而在赤金河中游之花海子；玉門及安西棉產甚少，主要在黨河中游之敦煌縣城附近，約占河西棉田二分之一。河西棉種，以亞洲棉為最多 (G. arboreum)，即中棉，非洲棉 (G. herbaceum) 及美國陸地棉，河西植棉甚鮮記載，但知由來已久，河西至新疆塔里木盆地兩邊，迄中央亞細亞，連綿數千里，棉種種類相似，兩地交通又極頻繁，棉種自新疆輸入，自無疑義，吐魯番於後唐時卽植棉，是則河西植棉，當有千餘年之歷史。河西在輸種雅片以前，據傳棉田甚多，約有二十萬畝，種烟以後，棉田驟減，近今厲行禁煙，頹風始挽，棉田又有增加之勢。

新疆　新疆植棉，歷史久遠，南唐之高昌國（今吐魯番）傳，卽有植棉之記載，棉產區域，天山南麓，崑崙北麓之塔里木河流域邊緣盆地。此盆地棉區，復分吐魯番盆地，與疏勒草原兩區，均利用雪水灌溉，產棉縣份為：沙車、吐魯番、巴楚、鄯善、疏勒、疏附、和闐等縣。全省年產約三十萬擔。疏勒草原，年產卽達一十五萬擔。新疆棉種，原為非洲棉（木本棉 G. herbaceum）及亞洲棉，近經輸入俄國純系（美國高原棉），甘肅河西之非洲棉，卽係由新疆輸入。

廣西　廣西棉花栽培甚古，漢沈懷遠南越志，卽有「桂州出古終藤……」之記載，桂州卽今桂林縣境，宣統三年，廣西官廳提倡植棉，桂省北部種植頗廣。民國七年復選購江蘇常陰沙棉種試種於南寧各屬，惟省境多山，象縣、桂林植棉甚稀，僅右江流域種植者，稍為密集，如果德、田東、都安、上林、隆山、武鳴、百色等縣，各有棉田數千畝，全省年產，不過二萬餘擔。

據華商紗廠聯合會民國八年至民國二十六年之調查，河北、山東、山西、河南、陝西、遂寧、江蘇、浙江、安徽、江西、湖北、湖南、四川十三省，歷年棉田面積、產額，取其平均數，依產額多少，列表以瞻各省之生產情形。

省別		棉田面積（千畝）	年度	皮棉產額（千擔）	年度	備考
江蘇	最高	一九、二七八	民國八年	三、〇二二	民國九年	
	最低	七、三二八	民國十六年	六二六	民國二十年	
	平均	一〇、〇〇四		一、九九七		民國八年至十九年平均
湖北	最高	一二、〇八三	民國十八年	三、六三七	民國十七年	
	最低	一、四七八	民國八年	六一五	民國十年	
	平均	六、九五五		一、六六六		民國八年至二十六年平均
河北	最高	一五、〇三〇	民國二十六年	二、八三六	民國二十三年	
	最低	二、一〇三	民國十七年	六五三	民國十七年	
	平均	五、〇四一		一、四三四		民國八年至二十六年平均
山東	最高	七、九七四	民國二十年	二、一七〇	民國十九年	
	最低	四二八	民國九年	一二六	民國九年	
	平均	四、一八二		一、一一四		民國八年至二十六年平均
河南	最高	七、〇一二	民國二十六年	一、三六七	民國二十五年	
	最低	八五六	民國十年	一二二	民國十八年	
	平均	二、九九二		六一三		民國八年至二十六年平均
陝西	最高	五、二三五	民國二十六年	一、〇〇四	民國二十三年	
	最低	一八五	民國十八年	三三	民國十八年	

	平均	一、九八六		四七九		民國八年至二十六年平均
四川	最高	三、九〇一	民國二十五年	五七二	民國二十五年	
	最低	一、九〇	民國二十三年			
	平均	二、七〇五		四〇三	多	民國二十年至二十六年平均
浙江	最高	一、九八四	國二十年	八五二	民國二十五年	
	最低	一、〇九六	民國十二年	九八	民國十年	
	平均	一、六三五		三一八		民國八年至二十六年平均
山西	最高	二、四八一	民國二十六年	六〇一	民國二十三年	
	最低	二七四	民國十九年	四〇	民國十九年	
	平均	九七三		二六六		民國八年至二十六年平均
安徽	最高	二、一四〇	民國二十六年	五一六	民國二十五年	
	最低	四三三	民國十五年	四三	民國二十年	
	平均	九五四		二六六		民國八年至二十六年平均
遼寧	最高	—		—		
	最低	—		—		
	平均	一、四二		一七七		僅民國二十年一年
湖南	最高	、三八九	民國十八年	三九三	民國十八年	
	最低	二六六	民國二十年	四二	民國二十四年	令

	平均	八二八		一七七	民國十八年至二十六年平均
江西	最高	七一四	民國十四年	一六九	民國十四年
	最低	四六	民國二十年	八	民國二十年
	平均	四五		八六	民國八年至二十六年平均

自淸季輸種美國陸地棉，中經學校團體之改良推廣，政府之改進，兼之陸地棉之產量，較中棉爲高，及合於紗廠需要，價値亦較中棉爲昂，種植日廣，中棉漸被淘汰，其進展之程度，可於統計中見其痕跡，茲就華商紗廠聯合會之棉產統計，加以分析列表如次：

中國歷年各省美棉面積比較表（面積單位：畝）

年份	黃河流域 河北	黃河流域 山東	黃河流域 山西	黃河流域 河南	黃河流域 陝西	黃河流域 共計	長江流域 江蘇	長江流域 湖北	長江流域 湖南	長江流域 共計	全國總計	美棉之分佈 黃河流域	美棉之分佈 長江流域	美棉面積佔全國%
民國十二年	311,976	37 0[illegible]	125,970	715,638	1,498 411	2,689,081	—	2,024,000	—	2,024,000	4,713,031	56.4	43.6	13.6
民國十九年	280,600	1,810,641	189,390	1,011,470	1,208,900	4,510 140	—	7,233,632	652,700	7,889,332	12,799,333	36.3	63.7	37.9
民國二十一年	1,486,967	2,811,765	251,260	2,240,370	1,412,634	8,149,984	—	5,690,800	515,545	6,203,815	11,356,32[illegible]	53.7	43.3	38.6

中國歷年各省美棉產額比較表（產額單位：擔）

年份	黃河流域 河北	黃河流域 山東	黃河流域 山西	黃河流域 河南	黃河流域 陝西	黃河流域 共計	長江流域 江蘇	長江流域 湖北	長江流域 湖南	長江流域 共計	全國總計	美棉產額之分佈% 黃河流域	美棉產額之分佈% 長江流域	美棉產額佔全國%
民國十二年	75,339	12,704	45,023	177,184	422,640	782,890	——	484,700	——	484,700	1,217,590	60.1	39.9	19.7
民國十九年	47,341	777,172	45,380	196,474	135,456	1,001,823	——	2,007,116	160,930	2,168,066	3,169,889	31.6	68.4	35.9
民國二十一年	37[illegible],157	710,105	48,031	318,779	157,813	1,604,935	——	1,346,180	104,880	1,458,060	3,032,995	52.8	47.7	37.8
民國二十三年	3,575,871	2,567,67	1,682,037	3,034,384	3,710,938	14,570,40	1,917,684	5,842,[illegible]0	140,294	8,200,28	22,770,689	68.9	33.1	50.7
民國二十五年	5,828,141	3,592,47	2,033,02	4,514,872	4,254,70	20,228,52	1,992,730	6,756,780	408,414	9,265,51	29,489,047	68.5	31.5	52.4

民國二十五年	1,333,399	1,085,215	525,915	1,099,922	939,865	4,984,316	390,729	1,891,847	142,515	2,325,081	7,309,397	68.1	31.9	50.4
民國二十三年	1,004,130	820,788	568,408	794,883	1,004,114	3,992,343	248,805	1,504,130	40,323	1,794,260	5,785,603	69.0	31.0	51.6

上表顯示美棉栽培面積：民國十二年爲四百七十萬畝，民國十九年增至一千二百三十萬畝，民國二十一年一千四百三十五萬畝，民國二十三年二千二百七十七萬畝，民國二十五年二千九百四十八萬畝，九年之間，面積增至八倍。對全國棉田面積百分比：由民國十二年之一六・六%，進而至民國二十五年之五二・四%，已佔全國棉田二分之一以上。至美棉之栽培地域，則以黃河流域美棉擴充最速，民國十二年，黃河流域佔全國美棉面積百分之五十六，至民國二十五年，黃河流域美棉面積爲二千零二十二萬畝，長江流域僅九百二十六萬畝，黃河流域美棉面積，對全國美棉栽培面積，爲六八・五%，佔三分之二而強。民國二十五年，河北、山東、山西、河南、陝西五省棉田面積爲二千八百九十四萬畝，美棉棉田，卽佔二千零二十二萬畝。該五省棉田，已有百分之七十爲美棉矣。

本章參考資料

(1)中國棉產統計，民國八年至民國二十六年共十三册，華商紗廠聯合會出版，上海。

(2)農商統計，第一次至第七次民國四年至民國十年，農商部刊印，北平。

(3)中國棉業調查錄，二册，整理全國棉業籌備處出版。

(4)次行：中國棉產之狀況，上海商報六週年增刊，民國十六年。

(5)中國棉產改進統計會議專刊，中華棉產改進會出版，民國二十年。

(6)張心一：中國棉產統計方法之商榷，中國棉產改進會議專刊。

(7)蔣迪先：中國棉產統計之過去及將來，民國十八年中國棉產調查，華商紗廠聯合會出版。

(8)葉元鼎等：中國棉產狀況，工商部上海商品檢驗局叢刊第某期，民國十九年。

(9)河北省棉產調查報告，河北省棉產改進會編印，民國二十五年，北平。

(10)河南棉業，河南省棉產改進所專刊第一種，民國二十五年，開封。

(11)湖北之棉業棉產篇，湖北棉產改進處編印，民國二十六年，漢口。

(12)胡竟良：河南棉作近況，農學一卷六期，國立東南大學農科出版。

(13)張心一：棉產調查統計，棉業月刊一卷五、六期，棉業統制委員會出版，上海。

(14)馮澤芳：雲南棉產考察報告，棉業月刊一卷二期，棉業統制委員會出版。

(15)陸詩農：廣西右江棉產概況，棉業月刊一卷七期。

(16)胡竟良：世界棉產與中國棉產，棉業月刊一卷七期。

(17)馮澤芳：吾國之棉區環境棉產區域與棉工業區域，國立西北農學院農藝學會叢刊一期，民國二十九年。

(18)俞啓葆：西北植棉考察報告（河西隴南關中），新西北月刊第二卷第六期至第三卷第二期，民國三十年。

(19)陳紀瀅：新疆鳥瞰，建中出版社，重慶。

(20)新新疆，新疆省黨部出版，迪化。

第七章 總論

世界棉花栽培，雖有五千餘年歷史，而成爲重要經濟作物，不過近二百年內事。自棉紡織興，棉花用途日廣，且已不僅限於衣食之原料，兼之科學發達，棉花且爲國防工業重要原料之一。棉之栽培區域漸廣，蹤跡幾遍全球，現時產棉國家凡六十有五（其中有屬殖民地），分佈歐、亞、非、澳、南北美各洲，而以亞洲及北美爲最多。近百年來，世界棉花總產額，增加達三十倍。一八〇〇年至一八一〇年，平均年產一百萬包（每包五百磅），一九〇一至一九一〇年，平均年產一千九百餘萬包，一九二六年至一九三五年。平均年產二千六百餘萬包。一九三六年，世界棉花總產額三千一百餘萬包。世界各國，對於棉花資源之開拓與進步之速，可以概見。我國自海禁開放，外棉及棉花製品源源輸入，朝野人士，感漏巵之鉅，始注意棉業之改良與推廣，三十年來，頗多成就，然方之列強，從事之積極，其劇進成績之驚人，實尙有遜色。棉花生產，至民國二十五年，雖差能自給，而棉紗布之生產，尙去需要甚遠。我國人口，占世界人口五分之一，棉產額僅占世界總產額八分之一（尙係根據民國二十五年出產之數字）；紗錠數，僅占世界總錠數百分之三，照人口比率，猶相差甚鉅。況我國爲農業國家，而人民衣被原料，大部爲棉，需要大量棉花及其製品，較任何國家爲迫切。棉及紗布，不克自給，影響國勢民生至鉅。

我國棉區，以黃河流域爲主，次爲長江流域，計有河北、山東、山西、河南、陝西、江蘇、浙江、安徽、江西、湖南、湖北及四川等十二省，其餘遼寧、熱河、甘肅、新疆、雲南等省，亦有少數出產，自北緯二十度至四十二度之間，皆有棉花栽培，但主要產地，則位於北緯二十八度至四十度之間。黃河、長江兩流域十二省，總面積八十二萬方哩（八二七、〇二〇方哩），其廣袤實超過世界第一棉產國美國植棉帶總地積之七十萬方哩而過之。此等地區，耕作地總面積十六萬六千萬畝（而據民國二十六年統計，棉田六千四百二十餘萬畝，產棉一千四百四十六萬擔，黃河流域占全國栽培面積百分之五十六（見附表），長江流域占百分之四十四，棉田面積，僅占耕地面積百分之三·八，每畝皮棉產量，全國歷年總平均二三·六斤（民八——二六年）。將來棉田擴展之機會，長江流域因水稻田關係，希望甚少。但黃河流域，一部份鹹地及皖北、蘇北淮河區域，河南南陽一帶，可以拓殖之地較多。全國棉田擴展至七千萬畝至八千萬畝，並無多大困難。復從而改良品種，改良栽培技術，防止災害（旱害蟲病），使平均每畝產量由二三·六斤增加至每畝平均生產皮棉三十斤，極爲可能。即將來全國每年生產皮棉二千一百萬擔至二千四百萬擔，實爲最低之希望。

中國棉區總面積耕地面積棉田畝數表（民國二十六年統計）

省別		總面積（平方哩）	耕地面積（畝）	棉田面積（千畝）	棉產量（千擔）
黃河流域	河北	五四、二五七	一〇三、四三二	一五、〇三〇	二、二四二
	山東	五九、三四八	一一〇、六六二	六、〇四八	一、三六五
	山西	六二、四八七	六六、五六〇	二、四八一	五二七
	河南	六五、七〇三	一一二、六九一	七、〇一二	一、一三七
	陝西	七五、三一九	三三、四九六	五、二三五	八九四
	合計	三一七、一一四	四二六、八四一	三五、八〇六	六、一六五
長江	江蘇	四〇、七七四	九一、六六九	一二、八二九	一、九五二
	浙江	三九、〇二〇	四一、二〇九	一、七六六	四一五
	安徽	五五、八五六	五三、五一[illegible]	二、一四〇	四三一
	湖北	七〇、三一二	六一、〇一〇	八、六二二	一、二七一

流域				
湖南	八三、一八八	四五、六一二	七八二	一二四
江西	六四、九五六	四一、六三〇	九八	一八
四川	一五五 八〇〇	九〇、〇〇〇	二、三一一	二六九
合計	五〇九、九〇六	一、二〇四 六四一	二八、五五	四、四八
總計	八二〇、〇二〇	一、六六一、四八二	六四 三九六	一〇、六四五
黃河流域	三八%	二六．	五六．	五八．
長江流域	六二%	七四%	四四．	四二%

我國棉種，自印度渡海傳入桂、閩，及由西域經天山北路，傳入西北，歷史已久。宋元之世，本部始有栽培，至明世始遍大江南北，清世復於河北等省，悉力提倡。民國以來，初經政府之獎勵，社會學校從事改良試驗，繼復由政府設置機關，專力改進，棉產大增。往史對於棉田棉產之演進，缺乏記載，已不可考，入民國後，則可分期尋求，其進展之痕跡。據民國四年農商部統計，全國棉花栽培面積，已達二千九百三十萬畝，占全國耕地面積百分之一·四。農商部適於此時，獎勵種植美棉，故此項數字，可視爲未經改良前之基本數字。民國三年至民國八年，爲政府獎勵植棉時期。據華商紗廠聯合會統計，民國八年，全國棉田面積三千三百零三萬七千八百八十一畝，皮棉產量九百零二萬擔，四年之間，棉田增加四百五十萬畝。民國八年至二十一年，爲學校及社會團體改良推廣棉作時期，據紗廠聯合會之調查，民國十二年全國棉田面積二千九百五十五萬餘畝，棉產額七百十四萬餘擔（此期推廣工作自十一年開始）；民國二十年，棉田面積三千七百零九萬餘畝，棉產額八百一十萬擔；十三年中棉田增加四百萬畝。民國二十二年爲棉業統制委員會成立之期，至民國二十七年初結束。據紗廠聯合會調查，民國二十五年，全國棉田面積五千六百二十一萬零七百四十二畝，棉產總額一千四百五十萬八千二百三十擔。四年之間，棉田增加一千八百六十萬畝、皮棉產額，增加六百餘擔。以民國二十五年

之棉田棉產數字與民國四年相比較，淺短之二十一年時間棉田增加二千七百萬畝，具見我國擴展棉田，可能性甚富也。

美棉輸種我國，不過三十餘年之歷史。中經數度大量輸種，且黃河流域各省氣候、風土，對於美棉栽培，較之長江流域尤爲適宜。故栽培面積，發展尤速。據紗廠聯合會統計：民國十一年全國美棉栽培面積五百一十二萬餘畝，皮棉產額一百二十九萬餘擔；民國二十年面積九百三十五萬餘畝，產額二百五十萬擔；民國二十二年面積一千八百三十五萬餘畝，產額四百七十八萬餘擔；至民國二十五年，全國美棉棉田面積二千九百四十八萬九千零四十七畝，美棉產額皮棉七百四十四萬九千五百一十五擔，占是年全國棉田面積百分之五十二，而其分佈多在黃河流域。是年冀、魯、晉、豫、陝五省棉田面積，共爲二千八百八十九畝。美棉棉田面積占二千零二十二萬畝，占黃河流域棉田面積百分之七十，幾全取中棉而代之。蓋美棉產量，較中棉爲豐，拓殖之速，非偶然焉。

民國二十六年以後，大部棉區淪陷，後方陝、蜀、湘、桂、黔、滇及鄂、豫一部份棉田，總計不足一千萬畝。每年產額不過二百二十餘萬擔，陷在戰區五千數百萬畝棉田，毀廢甚鉅。戰後需待恢復，再就紡織工業本身言之，吾國紗錠，至民國二十六年，僅有紗錠五百萬枚，其由國人經營者，僅占百分之五十三。紡紗廠所有布機五百五十餘台，由國人經營者，僅占百分之四十二。抗戰以後，破壞殆盡，紗布供給，極度缺乏，痛定思痛，戰後對於紡織工業，尤須有合理之建設。以上所述，特就吾國之情況言之。以世界棉業言之，現在世界大戰，戰區遍歐、亞、非三洲，英、美各國紡織工廠，均經改製軍械，紗布出產，戰事停後之最初數年，棉紗布之供給必極缺乏。卽棉產量於此戰爭期間減少，亦必甚鉅。第一次歐戰前（一九一五年），世界棉產，年產二千四百二十萬包（尚未包括中國棉產在內），戰事期中，棉產突然減低，一九一九年，僅產一千七百八十萬包（尚未包括中國棉產在內），此次世界大戰戰區範圍，較第一次歐戰爲廣，棉產減低，必更甚於前。戰後世界棉業之復興，乃愈重要而艱苦。迴溯既往，瞻望將來，此本篇之所由作也。

附錄

一　河南省棉產改進所棉種管理區暫行規則

二十五年十二月省府第六〇七次會議通過第六五五次會議修正公佈

一、本所為集中優良棉種，分區推廣，用達改進全省棉產之目的起見，特制定本規則。
二、本規則適用於本所劃定之棉種管理區。
三、棉種管理區之地點及面積，由本所按照優良種子之多寡，及實際之需要、擬定，呈請省政府指定之。
四、凡管理區內農戶所需之棉種，由本所借給，不得擅種他種棉種，借種辦法另定之。
五、凡管理區內農戶，對於棉花之栽培、選種、防治病蟲害等方法，應接受本所之指導。
六、凡管理區內所產籽花，應在區內軋花，不得運出區外，以免棉種散失，區外籽花，亦不得運入區內，以防混雜。
七、凡管理區內棉子，非經本所核准，不得輸出；區外棉子，非經本所核准，亦不得輸入。
八、凡本所於管理區內所設之軋花廠，得按照市價，收買區內農民所產之籽花，或代農民軋花，酌收工資。
九、凡棉商在管理區內收買棉花，應以皮棉為限。
十、凡棉商在管理區內收買皮花，除應向政府預取執照外，並須得本所之許可。
十一、凡管理區內之農戶，除因軋取自己生產之籽花，得向本所免費登記自備軋花車外，無論何人，不得擅行設置。
十二、凡違犯本規則第四、第十三條之規定者，除嚴加制止外，如情節重大，並得禁止其營業。
十三、凡違犯本規則第六、第七、第十一、三條之規定者，除嚴加制止外，並得按情節之輕重，處依行政執行法第四條之規定處罰之。

十四、凡違犯本規則之規定者，應由本所會同該管縣政府處理之，所處罰金，撥作地方公益之用。

十五、本規則如有未盡事宜，得隨時呈請修正之。

十六、本規則，自呈准公佈之日施行。

二　取締棉花攙水攙雜暫行條例 民國二十五年三月二十三日修正公佈

第一條　本國棉花，以含水分百分之十一，含雜質百分之零·五爲法定標準。

第二條　本國棉花，在市場買賣，以含水分百分之十二，含雜質百分之二爲最高限度。但各省因地理氣温之關係，所產棉花，原含水分不多者，得以法定標準，爲最高限度。

第三條　本國棉花所含水分、雜質、超過最高限度者，禁止買賣。但黃花、紅花、脚花及廢花，原含雜質較多而不合整理者，不在此限。

第四條　意圖不法利益，於棉花內攙水或攙雜者，處三年以下有期徒刑，拘役或科或併科一千元以下罰金。

第五條　紗廠、花行或其他棉商，收買含有水分或雜質超過最高限度之棉花者，停止其使用或轉賣，並得處一千元以下罰金。

打包商，運輸商等承接前項棉花而處理之者，得處一千元以下罰金。

第六條　紗廠購買棉花，過有所含水分超過法定標準者，應依其超過之量，照價扣除，其不滿法定標準者，應照價補償。

第七條　紗廠購買棉花遇有所含雜質超過法定標準者，其在百分之一·五以內，應依其超過量照價扣除，逾百分之一·五者，加倍扣除，其不滿法定標準者，應照價補償。

第八條　棉花所含雜質以棉子、籽棉、碎葉、鈴片、棉枝、泥土六種爲限，如有其他雜質，依第四條處罰之。

第九條　意圖不法利益，將中棉種與美棉種混雜軋花，或以粗絨攙入細絨，或以黃花、紅花、脚花或廢花攙入白花者，處一千元以下罰金。

第十條　棉商經辦或買賣之棉花，應在包外加蓋廠名或行名，及棉花名稱之標記，違者停止其運銷並得處三百元以下罰金。

第十一條　棉商均應登記，其未遵章登記者，停止其營業，或處三百元以下罰金。

第十二條　棉花攙雜取締機關，有派員至棉業行廠查驗之權。

第十三條　主管或查驗人員，如有串通舞弊或故意挑剔留難情事，除應負刑事責任外，其因而損害營業人利益者併應負賠償之責。

第十四條　出口棉花依商品檢驗法辦理之。

第十五條　本條例自公佈日施行。

三　修正取締棉花攙雜暫行條例施行細則（民國二十六年一月二十日修正公佈）

第一條　本細則依據取締棉花攙水攙雜暫行條例之規定訂定之。

第二條　實施取締棉花攙水攙雜暫行條例（以下簡稱本條例）之機關，為中央棉花攙水攙雜取締所，暨各省市棉花攙水攙雜取締所分所，惟上海、寧波、漢口、沙市、青島、濟南、天津等埠，仍由實業部上海商品檢驗局及其分處暫兼取締之。

第三條　各省市棉花攙雜取締事宜之進行，由中央棉花攙水攙雜取締所監督指揮之。

第四條　各省市棉花攙水攙雜取締所，應酌量各該省市情形，採用左列方式之一組織之。

一、由中央棉花攙水攙雜取締所，會同產棉省市政府，合組棉花攙水攙雜取締所。

二、中央棉花攙水攙雜取締所於駐在地之附近產棉省市，得直接設立棉花攙水攙雜取締所，兼領或派員辦理之，並由該省市政府予以協助。

第五條　各省以若干產棉縣爲一區，每區設一取締分所，各市以市區酌設取締分所，均得酌設辦事處及查驗處，施行該區棉花攙水攙雜取締事宜。

第六條　各省市取締分所處所在地之棉商登記，由各該所處辦理，其他產棉各縣之登記及宣傳事項由各該縣縣政府負責辦理之，其登記辦法，由各該省市棉花攙水攙雜取締所，秉承中央棉花攙水攙雜取締所，及各該省市政府訂定施行。

第七條　產棉各區之縣政府及公安局，應負責協助各取締分所處關於本條例施行事項。縣政府及公安局協助得力或放棄責任，得由省取締所，函請該管主管長官分別奬懲之。

第八條　紗廠、花行或其他棉商收買含有水分或雜質超過最高限度棉花之經辦人，應依本條例第五條第一項一併處罰之。

凡水分雜質超過最高限度之棉花出賣或轉運者，得依本條例第五條第一項之規定，停止其出賣或轉運。

第九條　本條例第三條准予買賣之黃花、紅花、脚花、廢花，須由貨主或其代理人，事前聲明，並在包上加蓋黃花、紅花、脚花、廢花各字樣，查明屬實，准予運銷，如於原含雜質外，故意攙入石粉或其他雜質，或次花用藥品燻白，或有其他矇混情事，仍按本條例第四條辦理之。

第十條　中棉與美棉，在送軋前或上軋時混雜軋花，經取締所處查獲，應依本條例第九條辦理，但在中美棉區毗連處，棉種原來混雜者，不在此限。

第十一條　中棉區軋美棉，或美棉區軋中棉，或中美棉種原來混雜之棉花，應向取締所處報明理由，並附繳混雜棉花之證明證據，如匿不聲報，經查明確係意圖不法利益，應依本條例第九條辦理。

第十二條　棉商或棉農，如有違犯本條例第四、第五及第九、第十、第十一條之規定，經人向取締所處告發或由取締分所處檢得查有確據者，得由該取締分所封存物證，並派員向貨主，或其代理人所在地之公安局，聲請派警，將該貨主或其代理人拘局轉送，或逕行送請縣法院，或縣司法處，或理兼司法之縣政府，依法辦理。

第十三條　違犯本條例第四、第五及第九、第十、第十一條之規定，應由中央及各省取締所處檢舉之，人民或團體不得假借名義，藉端索詐，並不得設立類似取締機關，如有違犯者，由各該地方縣法院，或縣司法處，或兼理司法之縣政府，依法辦理。

第十四條　棉商或棉農，藏有攙水或攙雜之器具，一經查獲，應由各該取締分所處予以扣留銷燬。前項應予取締之器具，其類別及名稱，應由各省取締所，視各地實際情形，酌量規定，並先期布告之。

第十五條　依本細則第十二條所送各該地方縣法院，或縣司法處或兼理司法之縣政府辦理案件，得函請其將判決正本，送各該取締所。

第十六條　本細則第十五條案內之棉花，由各該取締分所封存後，須呈經各該省棉花攙水攙雜取締所之核定，發還原貨主或其代理人，自行整理，報請覆驗，在未經整理覆合格以前，禁止其買賣。

第十七條　取締所處執行取締職務，應在紗廠、軋廠、打包廠、花行、販戶及其他棉商暨運輸處所。經營棉花打包之機器打包廠，應由取締所處，派員駐廠查驗之。

第十八條　各埠商品檢驗局依本細則第二條之規定，暫兼取締事宜，其檢驗辦法，應按照本條例及細則，並參酌中央棉花攙水攙雜取締所核定之各省市查驗辦法辦理之。

第十九條　本條例第六、第七兩條規定棉花之買賣，其成交契約上，除價格外，對於水分雜質含有量應載明依本條例辦理，如不載明契約，或載明而不履行，或因扣價補償發生爭執時，聲請公證機關證明，關於公證機關及其辦法另定之。

第二十條　棉花經原運輸地取締所發給合格證書，轉運其他各地時，各地取締所應驗證放行，但於必要時，得酌量抽查，如查有中途攙水攙雜確據，或原取締所處查驗疏忽情事，應按照本細則第十二條辦理，或通知各該省市棉花攙水攙雜取締所核辦之。

第二十一條　棉花攙水攙雜取締所及分所，對於查驗棉花不得徵收費用。

第二十二條　各省市棉花攙水攙雜取締所，應依據本細則，得酌量各該省市地方情形，另擬取締棉花攙水攙雜查驗辦法，此項辦法，各省市所擬定後，由各省市政府及中央棉花攙水攙雜取締所核准施行之。

第二十三條　本細則自修正公布之日施行。

四　全國經濟委員會棉業統制委員會棉花分級員領照規則（民國二十六年三月五日核准施行）

第一條　本規則依據本會暫行組織條例第二條統制棉花之規定訂之。

第二條　凡有左例資格之一者，得申請發給棉花分級執照。

一、在棉花分級人員訓練班畢業者。

二、在國內外農科大學學習棉花分級畢業者。

三、具備以上兩項相等資格，而著有經驗者。

第三條　請求發給棉花分級員執照，須依照本會規定格式，塡具申請書，並須附送左列各附件。

一、訓練班或棉花分級畢業證書。

二、對於棉花分級訓練之成績與具有經驗之證明各項。

第四條　凡申請發給棉花分級員執照時，由本會派員審查及試驗。

第五條　依照本規則所發給之執照，其有效期間爲一年。以每年七月一日起至次年六月三十日止。惟七月以後發給者，其期向亦以六月三十日爲止。執照費暫免，惟每張應繳印花稅國幣一元。

第六條　領照分級員於鑒定棉花等級後，得掣立證書正副各一紙，正本交所鑒定之棉花所有人收執，副本由分級員自行保存，以二年爲限。其證書式樣另訂之。

第七條　領照分級員應受本會主管人員之監查或試驗。

第八條　領照分級員之執照遺失或毀損時，如有確實之證明，得聲請另給副本，其副本之式樣，由本會另定之。

第九條　領照分級員所發之證書，應附於原分級棉花所有權之憑證；如證書與所有權憑證分離時，應作無效。

第十條　領照分級員依照定章分級後，發給之證書，所列任何棉花之等級，在證書有效期間須覆驗時，應由原領證書人將證書暨雙方簽封棉樣，呈送本會或本會指派之機關鑒定後；將鑒定記錄單，發給證明之，如請求另發證書，必須經過本會或指派之機關派員扦採樣棉後辦理之。

第十一條　凡未領執照或已領執照而過時效者，均不得稱爲棉花分級員。

第十二條　本規則陳請全國經濟委員會備案後施行。

EINE KURZE GESCHICHTE DER CHINESISCHEN LAND-SYSTEME

中國田制史略

徐士圭著

中華學藝社出版

目次

中国田雷史丛

中國田制史略

第一章　緒論

由「平均地權」以至「耕者有其田」，是孫中山先生教人實行民生主義或共產主義的一條康莊大道。我們要知道這條路是否可通，先要知道我國古來田制的更變和在這更變中間所給與社會的影響。我國古代田制，賅括起來，不外井田，限田，均田，和人民自由私有各種；而這各種制度的產生，又都和當時的歷史背景有密切的關係。現在我們依照歷史的順序，把他寫在後面。

第二章　由周以前的土地制度

第一節　井田的原始傳說

周是我國古史的一大轉樞：(1)由石器時代以進至青銅器時代，(2)由酋長時代以進至封建時代，(3)由原始共產時代以進至私有財產時代，(4)由游牧時代以進至農業時代，(5)由實物經濟以進至貨幣經濟時代。中國「數千年如一日」的歷史，都成熟在這個時期。其中和民生最有關係的，就是土地制度；儒家所認做黃金時代的中心理想也是這個制度。他的特別名稱叫做「井田」。「井田」宣傳這個制度的，最初是孟子。現在把孟子的話抄在下面，做敍述的基礎。

「滕文公問爲國。孟子曰：『夏后氏五十而貢，殷人七十而助，周人百畝而徹，其實皆什一也。徹者徹也；助者藉也。龍子曰：『治地莫善於助，莫不善於貢。貢者較數歲之中以爲常，樂歲粒米狼戾，多取之而不爲虐則寡取之；凶年糞其田而不足則必取盈焉。』……詩云：『雨我公田，遂及我私，』惟助爲有公田：由此觀之，雖周亦助也。』

這便是孟子井田運動的初步。過了幾天，滕文公又使畢戰來問井地，孟子更進一步對他說：

『請野九一而助，國中什一使自賦。卿以下必有圭田，圭田五十畝，餘夫二十五畝。……方里而井，井九百畝。其中爲公田，八家皆私百畝，同養公田，公事畢然後敢治私事。……此其大略也。若夫潤澤之，則在君與子矣！』

照這兩段的話，可以知道孟子所說的古制，只是「夏后氏五十而貢，殷人七十而助，周人百畝而徹，」並沒有說他是井田，也沒有特別提出「井田」這個名目，他的意思，是贊成助法的，所以特地引出龍子的一段話來證明，又引詩「雨我公田」做周時也曾行過助法的旁證，總不過爲他所主張的助法，刻意宣傳罷了。如果他眞已知道周初已是行井田的，又何必引用詩經的單詞隻語來證佐。「方里而井，井九百畝」是孟子「請」滕文公那樣做的，換句說，便是孟子的理想制度。若是「古已有之，」孟子只消陳述古制，使滕文公「查照辦理可也，」又何必叫他「潤澤」呢？「文公輿子」也怎配潤澤古聖遺制？這個我們只消把心裏頭的井田傳說或成見掉開，單看孟子原文原沒有不會明白的。有問題的，還是「貢」「助」「徹」三個名詞的意思：

關於「貢」這名詞，有龍子一段話做他的註脚，所以孟子也不再多說。「助者藉也」便是藉老百姓的勞力助他耕種，這也沒有多大問題。只有徹字最難解。說文「徹通也；」瀱𠟽徹也可以避諱作𠟽通，這原是異形同義的字。孟子說「徹者徹也，」照這樣用白話來解釋，便是「通就是通，」這還成甚麼話呢？所以費神朱熹先生替他裝舌說：

「周時一夫授田百畝，鄉遂用貢法，十夫有溝；都鄙用助法，八家同井。耕則通力而作，收則計畝而分：故謂之徹。」

崔述謂「通其田而耕，通其粟而析之謂之徹」便是原本朱子。

但這樣說來已是現在蘇俄的農村集團化了，在孟子的原文裏那裏找得出根據來據我的意思，「徹」這一字，該是當時很流行的熟語——也許是「十」和「一」的合音。像現在說二十為

「念，」三十爲「卅」一樣。哀公問救饑的方法，有若只簡單地說一个「盍徹乎。」不用甚麼解釋，哀公便早知道反駁說「二吾猶不足，如之何其徹也。」以「二」對「徹，」這可見徹之爲什一，是當時很普遍的話。詩公劉「度其隰原，徹田爲糧，」也是說取其什一以爲稅。什一和徹，是一而二二而一的。孟子說「徹者徹也，」便是說「什一是通例的呵。」我們說話的時候，忽然插入一種音訓，大概都是利用同音證明他所要說的道理，並不注重在義訓上。現在通常談話中間，還有人用這方法。

說起「貢，」「助，」「徹」實質的區分，我以爲貢是貢獻本色土產；助是幫助些勞力；徹便是不限定本色，可以通用折色，像後代租稅一樣，——這或許是採用貨幣經濟的結果。

至於「五十」「七十」「百畝」的差異，朱子說是：

『夏時一夫受田五十畝，而每夫計其五畝之入以爲貢。商人始爲井田之制，以六百三十畝之地畫爲九區，區七十畝，中爲公田，外爲私田，八家各授一區，但借其力以助耕公田，而不復稅其私田。周時一夫受田百畝，鄉遂用貢法，十夫有溝，耕則通力而作，收則計畝而分，故謂之徹。其實皆什一者：貢法固以十分之一爲常數；唯助法乃是九一，而商制不可考。周制則公田百畝中以二十畝爲廬舍，一夫所耕公田實計十畝，通私田百畝爲十一分而取其一，蓋又輕於十一矣。」

這樣地解釋未免有些牽強。既說「商制不可考，」又怎知他是「六百三十畝爲一區？」既說「其實皆什一，」又怎樣地說周制比什一輕，這都是矛盾的所在。而且夏時一夫受田五十畝，一到商時便要改做七十畝；商時每區七十畝，一到周時又要改做一百畝，變更途畛溝洫，不怕太紛擾了嗎？眞要同蘇眉山所說：「井田成而死者之骨已朽矣。」顧亭林說五十，七十，百畝，不過三代尺度的不同。證之王制「古者百畝當今東田百四十六畝三十步，」這句話，比朱註近是得多。但這不過都要先認確有井田這事實，纔說得通。北齊熊安生說：「夏政寬簡，一夫之地稅五十畝；商政稍急，稅七十畝；周政繁，盡稅之。」那便只是免稅點的高下不同了。——到也說得過去。

第二節　井田傳說的演進

把「井田」二字，特別聯合提出的，第一個要算是穀梁氏了。他在春秋宣公十五年初稅畝傳裏說：

「古者三百步爲里，名曰井田。井田者九百畝，公田居一。」

終竟他只說公田居一，不說公田居中，在劃井之中，還具有活動性。此外更有一個韓嬰，他在韓詩外傳裏，把井田制度，也說得很具體。他說：

「古者八家爲井，方里而爲井，廣三百步長三百步。一里其田成百畝。廣一步長一步爲一畝；廣百步長百步爲百畝。八家爲鄰，家得百畝，餘夫各得二十五畝。家爲公田十，餘二十畝共爲廬舍，各得二畝半。」

這個總算比較前條進步了：（1）確定田畝的尺度；（2）發明在公田裏挖出二十畝爲廬舍的計算法，使孟子「其實什一」的解釋得以完滿。

再其次便是周禮了——周禮是漢儒寫的，他的出世時代較晚，關於井田制度的設計，也比較詳密。

「大司徒凡造都鄙，制其地而封溝之，以其室數制之：不易之地，家百畝；一易之地，家二百畝；再易之地，家三百畝。」——地官

『小司徒乃經土地而井牧其田野，九夫爲井，四井爲邑，四邑爲丘，四丘爲甸，四甸爲縣，四縣爲都，以任地事而令貢賦。』——地官

『遂人辨其野之土，上地，中地，下地，以頒田里。上地，夫一廛，田百畝，萊五十畝，餘夫亦如之；中地，夫一廛，田百畝，萊百畝，餘夫亦如之；下地，夫一廛，田百畝，萊二百畝，餘夫亦如之。凡治野：夫間有遂，遂上有徑；十夫有溝，溝上有畛；百夫有洫，洫上有涂；千夫有澮，澮上有道；萬夫有川，川上有路，以達于畿。』——地官

這裏有互相抵觸，足够啓人疑竇的兩點：

（1）大司徒頒地上地家百畝；遂人辨野，上地夫一廛，田百畝，萊五十畝，平白增加了五十畝的萊田。

（2）大司徒的井田以九爲數，其法用四進；遂人的溝洫以十爲數，其法用十進。

因此便有鄭康成「畿內用貢稅夫無公田邦國用助制公田不稅夫」的解釋，把他倆分開。——朱子鄉遂用貢，十夫有溝，都鄙用助，百夫同井，便是藍本鄭說。——又有了永嘉諸儒的「遂人十

夫有溝，是以一直度之，以方度之，則方里之地所容九夫，」又把他倆調和在一起。

再其次敍述井田的，便是班固的食貨志他說：

「理民之道，地著爲本，故必建步立畝，正其經界。五尺爲步，步百爲畝，畝百爲夫，夫三爲屋，屋三爲井，井方一里，是爲九夫，八家共之，各受私田百畝，公田十畝，是八百八十畝，餘二十畝爲廬舍。……民受田上田夫百畝，中田夫二百畝，下田夫三百畝。……農戶人已受田，其家衆男爲餘夫，亦以口受田，如比。士工商家受田，五口乃當農夫一人。……民年二十受田，六十歸田。」

這可算是集諸家之大成了，但把他和穀梁傳韓詩外傳比較一下，卻有不同的兩點：

(1)穀梁是三百步爲畝；班固是步百爲畝，畝百爲夫，井方一里，是爲九夫。

(2)韓詩是廣一步長一步爲畝；班固是步百爲畝。

關於第一點，我以爲只是計算方法的不同：

班固步百爲畝，是一個平方畝，每邊應長十步；百畝爲夫，每邊應長百步；夫三爲屋，成功一個長方形，長的一邊恰三百步。穀梁說的，是單指井的一邊而言。

關於第二點，我以爲是韓詩的錯誤：

按平方計算面積以一百萬爲級，邊長以一十百爲級。倘畝僅長一步廣一步，那末百畝便只長十步廣十步了。韓詩一方面承認廣百步長百步爲百畝，一方面又說畝長一步廣一步，這是數理上的錯誤。

現在再把各家所說的同異，列成一表：

項別 異同內容 書別	井的廣闊	井的畝數	井的組織	畝的尺度	公田位置	公田設備	公田作法	受田數目	田的等級	戶的等級	田的還受
孟子	方里而井	九百畝	八家(同井)		中爲公田		八家同養公田	一夫受田百(畝)		餘夫二十五畝	
穀梁傳	三百步爲里名曰井田	井田者九百畝			公田居一						

可不加研究：（一）是人口，（二）是土地。

上面各種學說，雖然把井田說得煞有介事了。但我們要知道古代井田的眞相，有兩個條件不

第三節　井田的基本條件

表中括弧內之字係以意加入

食貨志	周禮	韓詩外傳
		方里而爲井
畝百爲夫，夫三爲屋，屋三爲井，井方一里，是爲九夫		一里其田九百畝
八家共（井）	九夫爲井	八家爲鄰
六尺爲步，步百爲畝		廣一步長一步爲畝，廣百步長百步爲百畝
		中田（居中）
二十畝爲廬舍		二十畝爲廬舍
（各耕）公田十畝		（各）耕公田十畝
各受私田百畝		家得百畝
上田夫百畝，中田夫二百畝，下田夫三百畝	不易之地家百畝，一易之地家二百畝，再易之地家三百畝	
餘夫亦以口受田如比	餘夫亦如之（百畝）	餘夫二十五畝
二十受田，六十歸田		

（1）關於周前之人口問題　三通考說：

『夏禹平水土爲州，人口千三百五十五萬三千九百二十三。塗之會，諸侯執玉帛者萬國；及其衰也，諸侯相兼。逮湯受命，其能存者三千餘國。周武王定天下，列五等之封，凡千七百七十三國，人衆之損亦如之。周公相成王，致理刑措，人口千三百七十萬四千九百二十三。』

我們根據這個，簡單列成一表：

夏初　一三，五五三，九二三人

殷末周初　七，六八〇，五五六人（假定夏商沒有大變，更據「湯三千國武王千七百七十三國人衆之損亦如之」那句話擬定如上。）

周成王時　一三，七〇四，九二三人

這個是否可靠，無可證明。不過漢書地理志各郡人口統計爲五七，〇三八，九五九，則周時只有他的四分之一，似乎未免太小。

（2）關於周前的土地問題　漢書地理志裏說：

『昔在黃帝方制萬里，畫野分州，得百里之國萬區。……堯遭洪水，天下分絕爲十二州，使禹治之，水勢既平，更制九州。……殷因於夏，無所改變。」

這些只是個很攏統的話，不够說明當時的土地狀況，不如王制裏所說周時的疆域比較詳細，——雖然他被人說是僞書。他說：

「自恆山至於南河千里而近，自南河至於江千里而近，自江至於衡山千里而遙，自東河至於東海千里而遙，自東河至於西河千里而近，自西河至於流沙千里而遙。西不盡流沙，南不盡衡山，東不盡東海，北不盡恆山。凡四海之內，斷長補短，方三千里，爲田八十萬億一萬億畝。」（東河即舊河道，在今山西省東；南河即今山西省南之黃河；西河即今山西省西之黃河。）

方三千里便可以有田八十萬億畝嗎？古代之尺度和頃畝，雖然難以明白，但用現在的情形來比例：中國面積說是三千四百四十四萬方里，除去邊外三分之二，內地面積總有一千一百四十八餘萬方里。然而田畝的統計，據民國五年農商部調查只有一十五萬零九百九十七萬四千六百一十畝。換句話說，便是每方里平均一百三十餘畝，一千萬方里不過平均十三萬一千餘萬畝。爲甚麼方三千里之地，可以得到八十萬億畝的田地呢？這是一個問題。

就說方三千里的話是錯誤的。然而用現在的地理說明，當時的疆域當不外河南山西河北和陝西的一部。河北山西的北部，便是古之北狄；陝西的大部分還是西戎，黃河的下游是東夷，長江的中部是荊蠻，淮河流域還是淮徐兩夷的根據地。他的疆域不及現在內地三分之一，爲甚麼田畝數目反達到現在的六倍左右呢？這又是一個問題。

第四節　井田的實在性

照上面逐層的推論，似乎豆腐塊的井田制，在施行上有些不可能了。但周前原始共產制的存在，卻又不容否認。古初漁獵時代，土地的需求不大，因而占地私有之念也無從產生。由漁獵進到游牧，富有水草的天然牧場比較難得，因而占地私有之念也漸強。但游牧生活，常是隊羣生活。隊羣的結合，自有他的天然條件，這就是部落的起源了。主持部落的是酋長，同時也就是氏族之長，對於他的部內有支配之權。待到游牧進化至農業，土地的重要性急速增加了，而在農法的便利上又非「耕者有其田」不能充分發展。但當時的政制是部落形成的；封建土地的支配權力，當然也由封建主享有因而分配給部內的人民。這便是土地私有公用的共產制了。這時部落內的公共費用也由部內分擔。不過在經濟關係未成立以前，資財就是勞力，對於公家的供給，也只是勞力一種。「助者藉也，」藉民力的耕種以給公用，這可算是原始的賦稅制度。孟子把助法置在貢法後面，未免有些時代的錯誤。

但是當時既把土地開放給人民享用，便不得不保留些公產自己使用，這便是公田。詩經裏關係這一類的話：

(1)雨我公田，遂及我私。——大田

(2)播厥百穀，駿發爾私。——噫嘻

(3)中田有廬。——信南山

(4)言私其豵；獻豣于公。——七月

除「雨我公田」前已說過外。「駿發爾私」毛傳「私，民田也，言上欲富其民而讓於下，欲民之大發其私田耳。」這詩時代較晚，好像是公田制度將要崩壞的情形。「中田有廬」是韓嬰推定古代井田制的唯一證據，——中田就是井田當中的公田，廬就是耕農在那裏暫住的田廠。「言私其豵」一這可以證明古時不但田事有助，連狩獵也是由人民供給了。

由上頭種種方面歸結起來，可以知道古代的田，並不一定一律劃成井字；但公田私田之別確是有的。井田便是劃田，井字要活看。這個就是主張「八家同井」的朱熹，他在語類裏也承認了。裏頭說：

「先生與曹兄論井田曰：天下安有個王畿千里之地，將鄽成圖來安頓於上？今看古地如豐鎬皆在山谷之間；洛邑伊闕之地亦多是小溪洞，不知如何措置？」

這大概是他的晚年定論吧？比在孟子註裏所說，要高明得多。

第三章　周秦土地制度的演變

第一節　共有制度的動搖

文明進步的動力常能衝破舊有社會制度以進入社會的新階段。我國原始之共產制，到了周朝的時候早已具有破裂的朕兆。其在治者方面，感覺着單靠助法不够維持國用；在農民方面，又感覺田畝的單元收入不足滿足生活的需求。商業的資本漸興，舊日的經濟組織暫形崩壞，農民在緩急的時候，漸有將已分田畝的享用權，賣讓給別個幸運的農民，而且爲之耕作了。這種自然的趨勢，實非政治力量所能制止。所以「田里不鬻」雖在國法上定得怎樣嚴峻，而地主和農奴的分化早已逐漸萌生，土地的部落共有制也一變而爲個人私有制了。他的脫化的途徑：

(1)國家的收入由助而稅

國家的費用漸繁，單靠公田收入不够供給經濟的需要；由是便有增稅私田的一種補救方法。春秋魯宣公十年「初稅畝，」公羊傳「履畝而稅也；」穀梁傳「非公之去公田而履畝。」顧氏引師說曰：「公田藉民力以耕，名藉不名稅。稅者稅私田也。公羊什一而藉不言稅，明藉非稅。穀梁非去公田而履畝，則稅畝爲稅其私，又斷可知也。」這已够證明助法不够供給國用的現象了。他的結果，便成下列幾個方面：

甲、打破公田私田的區別，一律征稅；

乙、把勞力的供給變爲實物的供給；

丙、由實物的輸納變成貨幣的輸納。

但這裏所說的「初」，到底是魯的初次，還是春秋各國的稅制，都是由他開始，還待考查。

(2)國民生活程度的高漲，使公有土地的基礎動搖。

李悝說：

戰國時代的魏，他的疆土在今山西的西南部，頗近中國的中心。他的生活，可以代表中原各地。

「今一夫挾五口，治田百畝，歲收畝一石半，爲粟百五十石，除十一之稅十五石，餘百三十五石。食，人月一石半，五人終歲爲粟九十石，餘有四十五石。石三十，爲錢千三百五十，除社閭嘗新春秋之祠用錢三百，餘千五十。衣，人率用錢三百，五人終歲用千五百，不足四百五十，不幸死喪疾病及上賦斂，又未與此：此農夫所以常困，有不歡耕之心。」

這雖是簡單的幾句話，裏頭很有值得注意的：

（一）社會方面

(1)單靠土地一種收入，雖是一家有田百畝，還不夠開支；

(2)金錢的勢力，逐漸侵蝕實物經濟。

（二）國家方面

(1)助法已經滅跡，通行的是什一稅率；

(2)在單一租稅以外，還有其他賦斂。

李悝要救治這種經濟破裂的情形，所提出的方案，唯一就是「盡地力。」據他的估計：

「魏地方百里，提封九萬頃，除山澤邑居三分之一爲田六百畝，治田勤謹，則畝益三升，（應係斗字）不勤則損亦如之。地方百里之增減，輒爲粟八十萬石。」

但他所說的「盡地力」究竟怎樣？單在「治田勤謹」四字裏面，是找不出來的。據我的推測不外兩種：

(1)盡闢隙地；

(2)改良農法。

前一種是商鞅開阡陌的濫觴，——留在後面再說。後一種是趙過舉行代田的一類，和土地制度也沒有多大關係，所以暫且擱在一邊。

第二節　共有制度的崩壞

第一款　農業社會的情形

吾國一般儒者，多說井田的制度是商鞅秉政時代始告崩壞的；因此便咬定商鞅是先王的罪人。其實商鞅政權所及不過秦地一隅，如果從前眞有井田的存在，眞能維持到周秦之交；那末，在秦國雖有變更在別個地方該不會跟着他一起破壞。倘是井田自有其崩壞的原因，我們硬把這破壞的罪名加在商鞅身上，便未免失入了。

據說判定商鞅破壞井田的證據，是史記秦紀所說的商君「開阡陌封疆而賦稅平」但這也有幾種說法：

一、關於開阡陌的：

（甲）開置說　謂秦廢井田始置阡陌。白居易「人稀土廣者宜脩阡陌；戶繁鄉狹者則復井田，」蓋以井田阡陌爲兩物。

（乙）開闢說　謂阡陌乃三代之舊，秦決裂之以爲井田。朱子開阡陌辨，王伯厚田制考均主是說。

二、關於阡陌的：

（甲）南北曰阡，東西曰陌；——史記正義

（乙）東西曰阡，南北曰陌。——史記索隱引風俗通

三、關於賦稅平的：這個後面再說。

我們既不相信三代有那樣整齊劃一的井田，商鞅廢棄井田的論據，根本不能成立。說他是從新開阡陌嗎？也是不合情理的事。無論阡陌是什末東西，總不外耕地和非耕地兩種。既是耕地了，商鞅爲什末要把舊耕地破壞，從新開置耕地？不是耕地；那末，商鞅爲秦圖富強，反把成熟的耕地，開成不毛的阡陌，更是沒有的事。所以開置說是不成立的。

阡陌雖有東西南北之辨，究不過是個測勘上的方向問題。他的語源，是從千畝百畝，千夫百夫，（見遂人）那裏來的，所以從阜從千百。不論他是橫是豎，我們解釋做田旁道路，當不至有十分大錯。商鞅因爲要想擴充耕地面積，把田旁的道路縮小了去，像現在農人的削毀塍圳增加田面一樣，這是很習見的事。朱子謂商君「以急刻之心，行苟且之政，但見田爲阡陌所束，而耕者限於百畝，則病其人力之不盡；但見阡陌之占地太廣，而不得爲田者多，則病其地利之有遺。」確能把商君的心緒說出。這個我們參看商君謀國的政略，更可明白。他的算地篇說：——商子有人說是僞書，這當別論。

「爲國任地者，山林居什一，藪澤居什一，谿谷流水居什一，都邑蹊道居什四，此先王之正律也……」

這裏所說的正律，和王制「山陵，林麓，川澤，溝瀆，城郭，宮室，塗巷，三分之一」以及前面李悝所說都不相同。可見他所說的，完全是指秦地支離破碎不適於大規模耕作的情形。

徠民篇又說：

「今秦之地方千里者五，而穀土不能處二，田數不滿百萬。」

可見他不滿於耕地的太於狹隘了。所以他主張「爲國分地數小」的小農制，使農民各把畸零破碎的所在，盡力耕種。

算地篇又說：

「畝五百足恃一役，此地不任也；方土百里出戰卒萬人者，數小也……」

他是想分地愈小，可耕之地愈多，所賦的甲卒也跟着加多起來，不至和從前畝五百僅僅「足恃一役」地那樣不經濟。

由這看來，秦時是由大田變成小田，公田變成私田的一個時代。所以三通考引吳氏這樣地說：

「井田受之於公，毋得鬻賣，故王制『田里不鬻』。秦開阡陌，遂得賣買；又戰得甲首者益田宅，五甲首而隸役五家，兼幷之患自此起。」

古代井田制之存在，雖是問題。然受田於公，卻是很可靠的。自經秦改制之後，受田不必計口，田畝不必歸還，以致形成地主階級，這不能不說是一種流弊。我們細把那時占有田畝的人考察起來，當不外下列幾種：

(1)富民　這是自由賣買的結果。

(2)武士　境內篇：「由丞尉能得甲首一者，賞爵一級，益田一頃，益宅九畝。」

(3)官吏　史記：「明尊卑爵秩等級，各以差次名田宅，臣妾衣服以家次。」

(4)新民　徠民篇：「今以故秦事敵，而使新民作本，」「以草茅之地徠三晉之民，」「利其田宅而復之三世。」

附隨這種制度發生的，便是農奴：所謂「隸役五家，」所謂「臣妾以家次，」都在國法上政治上公然承認這個階級。

第二款　國家財用的取給

秦時國用取給的來源，據商君主張，是採用土地單一稅制。他的墾令篇有這樣地說：

「訾粟而稅，則上一而民平；上壹則信，信則民不敢爲邪；民平則愼，愼則難變。」

蔡澤敍述商君的政績，也說：

「決裂阡陌以靜生民之業而一其俗，勸民耕農利土，一室無二事。」

這可見決裂阡陌，直接所以增加田畝，間接卽所以增加稅入。上面所說的「開阡陌封疆而賦稅平」這個「平」字，便是平靜且統一的意思。換句話說，便是人民占田爲世業無歸受取予之煩，國家賦稅也就有一定的數目。他的重農賤商政策也就根據於此。去強篇說：

「金生而粟死，粟死而金生。……國好生金於境內，則金粟兩死，倉庫兩虛；國好生粟於境內，則金粟兩生，倉庫兩實。」

所以在經濟方面他也是主張干涉主義和集產主義。說民篇說：

「王者不蓄力，家不積粟。……國不蓄力，下用也；家不積粟，上藏也。」

但究竟藏在那裏，怎樣藏法，他卻沒有說過。

自受田制度廢除以後，農民處分田畝雖自由得多，然而在國家的稅收方面，便未免有被農民隱匿之弊。這便是後世丈田勘畝的來源了。秦始皇三十年使「黔首自實田，」還是個和平辦法。

第四章　漢代私有制度的進展

第一節　豪強的兼併

嬴秦統一六國以後，對於土地的兼併，純用自由政策不加抑制，致貧富階級懸絕，「富者累鉅萬，貧家食糟糠。」漢與相沿未解，當時有個「素封」的名稱，便是說白身的人民他的富力可以和封君相等。原來漢時衣租食稅的階級叫「封君；」他們盤剝的地盤叫做「湯沐邑。」任他「各私奉養，不領於天下之費，」算是尊奉極了。但貨殖之家，憑藉他們的智力和幸運，不但有以和他比並，而有凌駕而上之勢。據史記的貨殖傳所說：

「封君衣租食稅，率戶二百，千戶之君則二十萬，——朝覲聘享在其中。庶民商賈率亦歲萬息二千，百萬之家則二十萬，——更徭租賦出其中。」

但這還是「不窺市井不行異邑坐而待收」的脚色。其他越國度域握算持籌的貨殖家，封殖之厚更非這些所可比擬。據史記所說比富千戶侯的貨品：

普通地域

陸地：馬二百蹄　牛蹄角千　羊千足

澤中：彘足千

水居：魚陂千石

山居：林千章

特別地域

安邑：千樹棗，

燕秦：千樹栗，

蜀漢江陵：千樹橘，

淮北常山以南河濟之間：千樹萩，

陳夏：千畝漆，
齊魯：千畝桑麻，
渭川：千畝竹，

名國萬家之城：帶郭千畝鐘之田，（或種巵茜，或種薑韭。）

有一於此，便够和封君並駕齊驅了。此外更有末富姦富兩種：

通都大邑

酤：一歲千釀，醯醬千坻，醬千甔，

屠：牛羊彘千皮，

販：穀糴千鍾，薪槀千車，船長千丈，木千章，竹竿萬箇，軺牛百乘，牛車千兩，木器髤者千枝，銅器千鈞，素木、鐵器、巵茜千石，馬蹄躈千，羊千足，彘千雙，僮手指千，筋、角、丹沙千觔，帛、絮、細布千鈞，文采千匹，榻布、皮革千石，漆千斗，蘗、麴、鹽豉千答，鮐、鮆千觔，鯫千石，鮑千鈞，棗、栗千石者三，狐貂裘千，羔羊裘千石，旃石千具，佗果菜千鍾。

子貸金錢千貫。

有了上面條件的一種，他的收入便和千乘差不多。

這些致富新審，雖然和土地兼併不生直接關係；但他致富之後，不是把資本用在工商業上，唯一的歸宿還是收買土地。史記說「以末致財，用本守之，」便是說明這個。若把他用式表示出來，便成

那末，兼併之後，農民階級到底怎樣呢？史記說：

「力農畜工虞商賈爲權利以成富，大者傾郡，中者傾縣，下者傾鄉里，不可勝數。夫纖嗇筋力治生之正道也，而富者必用奇勝田農拙業。」

結果，農民不是棄本逐末，便是附隨田畝賣給富人。他的方式有兩種：（1）耕種富人的土地，納「見稅十五，」以致「衣牛馬之衣，」食犬彘之食。（2）變成奴隸聽宰割於主人。據說，當日奴隸數

目，蜀卓氏有僮千人；楊可治郡國，所得奴隸以萬數；武帝時水衡少府諸官沒入奴隸，所用的漕米要四萬石，這個數目實在可觀。

第二節　田制的改良和復古

第一款　董仲舒的限田

關心這種社會階級對立的現象，想設法補救的，第一便是董仲舒。他說：

「秦用商鞅之法，改帝王之制，除井田，民得買賣，富者田連阡陌，貧者無立錐之地，又顓川澤之利，管山林之饒，荒淫越制，踰侈以相高，邑有人君之尊，里有公侯之富。漢興，循而未改。古井田法雖難卒行，宜少近古，限名田以贍不足，塞幷兼之路，鹽鐵皆歸於民，去奴婢，除專殺之威。」

由這一段話看來，資產階級不但把持經濟的特權，而且山林由他獨占，奴婢由他專殺，有人君之尊，操租稅之柄了。董子僅僅主張「稍限名田」，不使踰制，原是一種妥協的辦法，何曾想把貧富階級根本廢除？所以他的春秋繁露制度篇說：

「大富則驕大貧則憂。憂則爲盜驕則爲暴。……聖者使富者足以示貴而不至於驕；貧者足以養生而不至於憂，以此爲度而調均之，足以使財不匱而上下相安。……今世棄其度而各從其欲，富者愈貪利而不肯爲義，貧者日犯禁而不可得止，是世之所以難治也。」

但這「富示貴貧養生」的最低限，武帝還視爲高論不肯實行，結果只是「賈人有市籍者及其家屬皆無得籍名田，犯令沒入田僮」以實行其重農抑商的政策。對於地主的兼併，一味裝聾不肯過問。胡致堂讀史管見謂「限田不能行者，以人主之自爲兼併」這個確是事實。

漢高祖以一平民代表被剝削階級出來革命，但功成之後，自己反形成地主，加入反農利益方面。一面要保護農民鞏固地主的基礎，一面又要使農民不至脫出地主的羈絆。他要在這兩層矛盾之中，維持着優越的地位。可是同時來爭嘗這禁臠的，更有商業資本，用經濟力量分離地主與農民的連鎖。結果會使農田的供給日見減少，農村的組織日見破壞。國家爲防止商人的侵略和農民的携貳計，便不得不採取一種重農抑商的調和政策，這卽是古之所謂仁政了。

在這情形下面，可以享用田租利益的，不外數種：

(1)食邑　歸擁有封建勢力的封君所享用。

(2)官田　爲皇室所享有，如籍田弄田等。（昭帝九歲試耕未央宮之田因名弄田）

(3)公田　爲國家之模範農田或水利田等。（漢武帝令農民成績優良並受爵以上者得耕三輔公田便是一例）

(4)賜田　國家特別賞給功臣的。

(5)名田　亦名民田，民間自由買受的。

(6)墾田　由國家雇用民夫開墾的官地。

(7)屯田　軍兵屯戍邊方因而耕種的。

第二款　師丹的改制

第二個想法救濟土地兼幷的弊病的，便是師丹。他說：

「古之聖王，莫不設井田，然後治乃平。孝文皇帝承亡周亂秦之後，民始充實，未有兼幷之害，故不爲民田及奴婢爲限。今累世承平，豪富吏民皆數巨萬，而貧弱愈困。君子爲政貴因循而重改作，所以有改者將以救急也，亦未可詳，宜略爲限。」

董仲舒師丹同是當代名儒，他所理想的同是井田制度。限田之議，在他們原是貶價求售了，還得不到大家的體諒，終於「議而不行。」漢哀帝總算比武帝革命些，肯把他的改制大綱提出大臣討論。恰好丞相孔光司空何武都很贊同他的提議，因此便擬定名田數目，限令三年內實行。倘是三年以外還有民田超過限定標準的，便把他的超過部分沒官。所謂標準數目到底怎樣呢？有如下表：

身分等級	田畝所在	田畝限額	奴婢限額
諸侯王	國中	三十頃	最多額二百人
列侯	長安	二十頃	百人
公主	縣道	同上	同上
關內侯	同上	同上	三十人
吏	同上	同上	同上
民	同上	同上	同上

這裏有可注意的兩點：

(1)諸侯王雖只私田三十頃，但據如淳漢書注裏所說，還可衣租食稅國中。這樣看來，是封建的制度仍然存在，三十頃不過和籍田弄田一例罷了。

(2)盡限三年實行，則在三年以內，當然聽民自由賣買；所以當時有「田宅奴婢價為減賤」的現象。

這樣的和平辦法，原是斟酌事實期在可行的了；不料那個時候，正值「丁傅用事董賢隆貴」，他們都是很有田的，認為這個詔令和他不便，便把他擱置起來。

【附】案食貨志載「詔書且須後遂復不行」，師古云，須待也。愚謂當是須丁董署後，如後代副署之制。待考。

但查王嘉傳說：

『詔書罷苑而以賜賢二千餘頃，均田從此墮壞。』孟康注云：『自公卿以下至於吏民名曰均田，皆有頃數於品制中令均等；今賜賢二千頃，則壞等制也。』

又查哀帝傳，詔限民田在成帝綏和二年六月，賜賢苑乃賞告密東平王事，在建平四年三月中間相距四年。又建平元年太后詔外家王氏「田非冢塋皆賦貧民」——師古注：賦與也，似乎限田確經實行過幾年，不過丁董權貴特別未盡奉行罷了。又查王莽傳亦云「予前在大麓，始令天下公田口井」大概也是指這個時候說的。

第三款　王莽的王田

第三個提出救濟土地兼併的方法的，便是王莽。他的理由是：

「漢氏減輕田租三十而稅一，常有更賦，罷癃咸出；而豪民侵陵分田劫假，厥名三十稅一實什五也。父子夫婦終年耕耘，所得不足以自存，故富者犬馬餘菽粟，驕而爲邪；貧者不厭糟糠，窮而爲寇。」（分田二字未詳，豈漢初已有各人之口分）

就這些話，已够窺見當日社會貧富懸殊的現狀了。他的方法是：

「更天下田曰王田，奴婢曰私屬，皆不得賣買。其男口不盈八而田過一井者，分餘田於九族鄉黨鄰里。故無田今當受田者如制度。敢有非井田聖制無法惑衆者，投諸四裔以禦魑魅。」

我們把這詔令的內容，分析起來：

(1)土地國有民享;
(2)奴婢永附主籍;
(3)一家八口可以分田一井。
他的進行方略,不外
(1)現已逾額的,把所逾分給(甲)九族,(乙)鄉黨,(丙)鄰里,由親而疏,由近而遠。
(2)原沒有田或未滿額的,官廳照例給他。
這個原沒惹起甚麽糾紛的可能。但自秦至漢,數百年來強豪兼併的局面,已經固定了。王莽一旦要行土地革命,把他推翻,又不像師丹那樣替貴族的地主設例外,他的惹起反動,是必然的。所以在始建元年開始井田,不上四年,便自動地渙然反汗:
「諸名食王田皆得買之,勿拘以法。犯私賣買庶人,且一切勿治。」
這等情形,和蘇聯的由土地國有,變成新經濟政策,實在沒有兩樣。

第三節　私田享有的限制

漢時公田制度雖經幾次運動不會實現，但對於田畝的賣買，卻早有了制限了。

(1)限制身分　凡是商民不得名田，（見前）

(2)限制客籍　如濬漢書注「令甲：諸侯在國，名田他縣，罰金三十兩，」（前漢書）

(3)限制年齡　年六十以上十歲以下，不在縣中，不得名田。（同書）

第四節　國家對於土地的放任狀態

葉水心序述井田的經過，曾說：

「秦漢之際，民得自侵占，而貧者插手不得，不得不去而爲游手。……光武中興亦只問天下度田多少。至於漢亡，三國並立，天下之田既不在官，然亦終不在民。以爲在官則官無人收管，以爲在民則又無簿籍契劵，但隨力之所能至者，而耕之。」

這確是漢家對於土地制度的放任情形。但說民無契劵隨力所至，似未盡然。史稱蕭何賣民田以自汚，貢禹賣田百畝以供車馬，這都是民田賣買的證據，何嘗是隨力所至呢？不過有沒有成文的契約，那便不可得而知。

第五章　晉的田制

第一節　授田的情形

第一款　三國紛亂的影響

土地的主要變遷，總脫不了社會環境。三國擾亂之後，農村經濟漸趨破壞，農民不能安居樂業，時有流動的傾向。結果，耕作荒蕪，穀物減少，至於「袁紹軍人皆食椹棗，袁術戰士取給蠃蒲，」主要農產品的缺乏可想而知了。許下附近帝京，曹操竟以田土荒棄，募民屯田該處。吳中原爲產米所在，而孫權父子竟至「親自受田軍中八牛以爲四耦，」田畝毀棄的現象，越發可驚。

魏志原說：『漢末司馬朗請復井田，疏云往者以民各有累世之業，難中斷之，是以至今。今大亂之後，民人分散，土業無主，皆爲公田，宜及時復之。』但當戰事未已，還難實行。到了晉武帝便利用土地荒廢的機會，規復公田官授，成爲官田的再造時期。

第二款　晉武授田的規則

晉武帝規復官田，約可分爲數點論列如下：

（1）助長士大夫階級　魏行九品中正以後，士大夫的階級觀念甚深。晉武帝欲行公田，勢不得不投降士大夫階級，以減少阻力橫直他的本意也不在乎人民的共享，只要集中國家資產造成法定的大地主罷了。所以他的分配率：

一品　占田五十頃　衣食客三人　領屬佃客五十戶（最多額，以下同此）
二品　占田四十五頃　衣食客三人　領屬佃客五十戶
三品　占田四十頃　衣食客三人　領屬佃客十戶
四品　占田三十五頃　衣食客三人　領屬佃客七戶
五品　占田三十頃　衣食客三人　領屬佃客五戶
六品　占田二十五頃　衣食客三人　領屬佃客三戶

七品　占田二十頃　衣食客二人　領屬佃客二戶
八品　占田十五頃　衣食客一人　領屬佃客一戶
九品　占田十頃　衣食客一人　領屬佃客一戶

【附】案隋書食貨志作：官品第一第二佃客無過四十戶，第三品三十五戶，第四品三十戶，第五品二十五戶，第六品二十戶，第七品十五戶，第九品五戶，其佃穀皆與大家量分官品第六以上得衣食三人，第七第八二人第九一人，客皆注籍主家。與晉書略有出入。其佃客之等級，似較晉書尤爲近理。

衣食客是什麼？大概是家臣策士之類輔助品官驅使佃戶的。

頃的面積到底有多大？漢書食貨志「故畝五頃」鄧展曰：「夫百畝於古爲二十五頃，古百步爲畝，漢二百四十步爲畝，古千二百畝得今五頃。」又通典食貨田制下：唐開元二十五年令「田廣一步長二百二十四步爲畝，百畝爲頃。」通考：「漢哀帝時何武孔光令吏民名田無過三十頃。」蘇老泉論曰：「夫三十頃之田，周氏三十夫之田也；縱不能盡如周制，一夫而兼三十夫之田，亦已過矣。」

頃之確數雖古今尺度不同，不能斷定，但總不至於不上百畝，十頃至少也是千畝了。我們現在放任人民自由兼併的結果，據支那年鑑所說，我們人民占有百畝以上的不過百分之五・六。再據大農制的國家英美農業狀況的統計，換算中國數目，英國一千畝以上的居百分之一九・六，美國居四二・五。晉時公田的結果，竟然千畝算做末位，眞不可曉。

（2）男女平等受田提高婦女的地位　中國素來輕女重男，把女界配置在三從——從父從夫從子的下面，從不曾有過獨立的財產。晉武帝於前定品級外，更定普通人民：

男子一人占田七十畝；

女子一人占田三十畝；

這不是值得注意的一回事嗎？

（3）恢復助法　助是一種最古的稅法，自周以後無人敢於試行。晉武帝竟然把他恢復起來定下課田的標準：

丁男一人　課田五十畝；

次丁一人　課田二十五畝；
丁女一人　課田二十畝；
次丁女　不課。

這樣一來，不但女子獨立受田，而且獨立耕作了，眞是一種創制。至於丁次的年齡標準，據晉書所載：

十六——六十……正丁
十三——十五
六十一——六十五……次丁
十三以下——六十五以上……老少

老少雖「不事遠夷」「不課田，」但也要盡些換納粟米的義務。他的等級

近者輸義米戶三斛；
遠者輸義米戶五斗；
極遠輸算錢二十八文。

此外更有兩種規定，現在趁便也說幾句：

(1)國王公侯在京田宅的制限　國王公侯照理以國爲家，不應復有田宅。但有特別事故，未經出就外邸的，不妨給他「城中有宅，城外有田。」宅地無論大小，國王都只一處；田地要看國的大小，分別爲大國十五頃、次國十頃、小國七頃。但這還不過供給在京留寓的宿饍用的，至於每個領域以內的土地所有權，完全操在國王公侯手上，那是不消說的。

(2)戶調的創立　民戶除助耕官田以外，還有一種輸納，他的名字叫做「戶調」；大體是：

都中　丁男輸絹三匹，綿三斛；女及次丁半輸；

邊郡　近者輸前額三分之二，遠者輸前額三分之一；

夷人　近者輸賨布一匹，遠者或二丈。

第三款　公田崩壞的原因

總觀上面的授田規制，有一點不可不知的：便是只有分給的定額，沒有歸授的年限；那麼經過一度分給以後，又不成爲各戶的永業嗎！說是公田，還沒徹底。

又況惠帝永嘉以後，國中已經亂得不成樣子，「百姓更相鬻賣，奔迸流移，」那裏還會維持田制？元帝東渡，恐怕穀物缺乏，至令「非宿衞要任皆宜赴農，軍各自佃耕即以爲廪，」太康的遺跡，早已一些不留了。民間賣買盛行，官府不特不禁，反向他收取「估錢，」凡買賣價目一萬輸估四百入官叫做估錢。宋、齊、梁、陳相沿成例，這便是後來稅契的濫觴。

第四款　壞坡的故事

當日更有一種和商鞅開阡陌差不多遠的事，便是杜預的壞坡。杜預是個儒臣，他的人格在社會上也有相當的歷史，所以安然的成功了這個革命事業，不至發生甚麼反響。

坡是田旁瀦水防水之所，也就是古代的溝洫途逕，在田作上是很有裨益的。然「自頃戶口日增，而坡堨歲決，良田變生蒲葦。人居沮澤之際，水陸失宜，放牧絕種，樹木立枯。」而且「坡多則土薄水淺，潦不下潤；故每有雨水，輒復橫流；」這是杜預自己說的話。同時，他更引宋侯相應遵上事裏所說：

「泗坡在遵地界，壞地凡萬三千餘頃，傷敗成業。遵縣領應佃二千六百口，可爲至少，而猶患地狹，不足肆力，此皆坡之爲害也。」

由此可知坡的爲害是：（一）無補水利，（二）徒費畝地；（三）反釀浸災；因此武帝便聽了杜預的話，除保留漢氏舊坡及山谷私家小坡外，凡諸魏氏以來所造立，及因雨決溢蒲葦，馬腸坡之類，皆令決瀝。又令將決後水凍枯涸的坡地，俾給所脩功實之人。照這看來，增益的頃數當然不少了。

第六章　北魏的均田

第一節　太和以前均田運動的散片

我國土地公有制度，在西晉太康爲短期的興復以後，一蟄伏又伏下一百餘年，直至北魏太和中間纔開始活動。我們把這個時代算做公田復活的時代，在這時代開端以前，做復活的引子的也頗不少。現在把他分說於下：

(1)前燕慕容皝爲着苑中田畝空荒，把官牛借給貧戶，令他到苑中耕種，公收其八，私收其二。貧民有牛無地的，也得自由耕種苑中，公收其七；私收其三。這個很和現代的分益制相當，不過只限苑中一隅罷了。

(2)蜀李雄爲着「富者占荒田，貧民種植無地，」便聽了他兒子李班的話，實行起「墾田均平，使貧富獲所。」但他所行的只是墾田，所均平的只是荒地，和公田制度相差尙遠。

（3）魏太祖平定中原之後，遷徙吏民及徒共十萬餘家，充實京都，各給他耕牛若干，「計口授田」：這便是北魏公有田制的初祖了。不過授田的區域還只限定京都，受田的主體也只限定移入的人民一種。

第二節　太和田制的概括情形

北魏初期，「民飢困流散，豪右多有占奪。」到了孝文帝時候，流亡雖漸招集了，但家產被占據，田畝被人侵漁，又未免爭訟不休，使民失所。這等情形，李延年疏子裏說得很明白。他說：

「竊見州郡之民，或因年儉流移，棄賣田宅，漂居異鄉，事涉數世，三長旣立，始反舊墟，廬井毀棄，桑榆改植，事改歷遠，易生假冒。强宗豪族，肆其侵陵，遠引魏晉之家，近引親舊之驗。……爭訟遷延，連紀不判，良疇委而不開，柔桑枯爲不採。僥倖之途與，繁多之獄作，欲令家豐歲儲，人給資用，其可得乎？」

的確，要解除這等糾紛，只有快刀斬亂麻的法子，把田畝從新編定一過。所以延年主張：

「愚謂桑井難復，宜更均量審其徑術，令分藝有準，力業相稱，細民獲資生之利，豪右靡餘地之盈。」

這便是北魏回復公田的背景——也可以說是機會。所以太和元年，孝文帝便下令：

「一夫制田四十畝，中男二十畝，無使人有餘力，地有餘利。」

但這不過一個大綱。他的詳細辦法，直到太和九年纔公佈。現在把他介紹如下：

（1）授田等級　田地分做桑田、露田、二易之田三種。桑田是種植桑榆所在，便是人民生活的本據；露田是不植桑榆的荒曠田畝；二易便是隔年一種的田地。

（2）受田頃畝　（甲）平民：「男夫四十畝，婦人二十畝，奴婢依良丁。牛一頭受田三十畝，限四牛。」（乙）官吏：「諸宰民之官各隨地給公田：刺史十五頃，治中別駕各八頃，縣令郡丞六頃，更代相付。」

（3）受田方法　「率倍給，二易之田再倍之，以供充露田之數不足耕作及還受之盈縮。」「諸桑田不在還受之列，但通入倍田分。於分雖盈，沒則還田，不得以充露田之數；不足者以露田充倍。」

還是說名義上一夫四十畝，實際上是給他八十畝，預備着意外的損失，使還田之時不至缺額。桑田雖然不在還受之列，卻可以當作露田的倍田，算入八十畝額內。但在還田之時，卻不能因爲露田不上額，把桑田拿來湊數。

(4)受田年齡　（甲）原則「民年及課（十五）則受田，老（七十）免，及身沒還田，奴婢牛隨有無以還受。」（乙）例外「諸有舉戶老小癃殘無受田者，年十一以上及癃者各受以牛夫田，（三十畝）年齡七十不還所受。寡婦守志者，雖免課亦受婦田。」

(5)受田時日　「諸還受田民田恆以正月。若始受田而身亡，及賣買奴婢牛者，皆至明年正月始得還受。」

(6)見田處置　「諸桑田皆爲世業，身終不還，恆從見口，有盈者無受無還，不足受種如法。盈者得賣其盈，不足者得買其分，亦不得買過其分。」

(7)課種方法　「諸初受田者，男夫一人給田二十畝，課蒔，餘種桑五十樹，棗五株，榆三根。非桑之士，夫給一畝，依法課蒔榆棗，奴各依良。限三年種畢，不畢奪其不畢之地。諸應還之田，不得種桑榆棗果。」

（8）宅地分給　「諸民有新居者，三口給地一畝，以爲居室；奴婢五口新給一畝：」這是新遷而無宅的民戶說的，但也不是全數供給住宅，定例「男女十五以上，因其分口課種菜五分畝之一」。

（9）受田次第　「進丁受田者，恆從所近；若同時俱受，先貧後富。」但這是普通的情狀，次項乙款所定則爲例外。

（10）公田來源　（甲）固有官地；（乙）「諸遠流配謫無子孫及戶絕者，墟宅桑榆（種桑榆之地）盡爲公田，授受之次，給其所親；未給之間，亦借其所親。」

（11）分配方法　（甲）諸土廣民稀之處，隨力所及，官借民種蒔，役有所居者，依法封受。（乙）諸地狹之處，有進丁授田而不樂遷者，則以其家桑田爲正田分；又不足不給倍田，又不足家內人別減分。樂遷聽逐空荒，不限異域他郡，唯不聽避勞就逸。——其地足之處，不得無故而移。（丙）無桑之鄉準此。

我們觀察上面政制的結果，可以知道：（一）充做授受的只限定絕戶墟業或原有官地，並不曾一律把田畝收歸國有。（二）桑田皆爲世業，這是私產制度尙未廢除的一個證明。（三）溢額的田產聽民自由賣買，並不強制徵收。而且當時地廣人稀，田地限够分配，所以不會發生出甚麼糾紛來，直至世宗正始元年，還有「詔以苑牧公田分賜代遷之戶」的話，公田的餘剩可想而知了。（四）對於受田的人也有相當的課稅，並不是白給他們。

第七章　南北朝田制的互異

第一節　北朝田制

南北朝分峙的時候，南朝是宋齊梁陳，北朝是魏，魏又有東西之分。魏時宇文泰當國，蘇綽用事，模倣古制，創立六官。「司均掌田里之政，凡十口以上給宅五畝，九口以上四畝，五口以下二畝；有室者田百畝」這是初制。(按通考作口七以上宅四畝，口五以上宅三畝，未知孰是。)以後西魏變成北齊，歸魏臣高歡的兒子；東魏變成北周，歸宇文泰的兒子。他們的田制，便也稍有不同。

第一款　北齊

齊制雖多沿習魏朝之舊，但「豪黨兼併、戶口隱漏，」有的有田無戶，有的有戶無租。文宣天保八年，便議定移民的辦法，把冀定瀛三州無田的送往幽州范陽寬鄉的所在，叫做「樂遷。」但這仍是不够調劑土地的平衡，到了孝昭河清三年，更定田制，把民戶分做丁中老少四等：

年十八以上六十五以下爲丁；

十六以上六十以下爲中；

六十六以上爲老；

十五以下爲小。

男子十八歲受田，同時負擔租調的義務；二十歲便要當兵；六十歲免役；到了六十六歲退還所受之田，同時也減免租調。

同時，他又把田地分做兩種：一種在附近京城三十里以內的，叫做「公田」。够享受公田的利益的，是：

(1)內執事官一品者下逮於羽林武賁；

(2)外畿郡華人官一品以下羽林武賁以上；

(3)職事及百姓請墾田者。

除了上列以外的田地，在京畿百里以外以及各州的，統統分給百姓；但也有露田、桑田、麻田、的不同。

露田　是依率還受的田。定率男夫八十畝，婦人四十畝。

桑田　是作爲百姓永業的田。定率每丁給田二十畝，課種桑樹五十根，榆樹三根，棗樹五根。

麻田　土地不宜種桑的便令種麻。定率和桑田一樣。

上面所說的只是平民。還有附屬在平民的奴隸和牛兩級。

(1)奴隸　(甲)京城　親王奴婢受田止三百人；

嗣王……………………二百人；

第二品嗣王以下　一百五十人；

正三品以上及王宗……一百人；

七品以上………………八十人；

八品以下至庶人………六十人。

限外奴婢不給田者皆不輸。

（乙）邊外　「奴婢依良人，限數與在京百官同」——這是指州及百里以外說的。

（2）牛　丁牛一頭受田六十畝，限只四牛。（案隋書食貨志作四年，疑誤。）

第二款　北周及隋

東魏變成北周之後，他的田制仍沿宇文覇政時代的設置，沒有甚麽變更。隋楊受禪以後，他的田制沿襲後周，丁役沿襲北齊。稍微更動的，只是增給諸王都督永業田一百畝至四十畝，改定百姓園宅三口一畝，奴婢五口一畝兩事。開皇三年的時候，人口漸增，文帝便發使四出，平均耕地，狹鄉每丁只够二十畝，老的少的，還要減額。開皇以後，人口愈增，田地愈難分配，京輔三河所在，逐致屢次移民就田邊外。

至於隋時職田公田的制度，亦可略舉於次：

（1）職分田　卽是官吏的祿養定額：

京官一品　五頃

二品　四頃五十畝

三品　四頃

以下每降一級便差了五十畝，至九品便止一頃了。外官的田額如何，沒有記載。

（2）公廨田　可以說是一種辦公費，起初給田，中間改給現款。但官吏有把這筆款拿來放息擾民的，開皇十四年因了蘇孝慈的奏請，仍舊只給田地營農，禁止迴易；十七年又詔「內外司公廨在所迴易諸與生並聽之，唯禁出舉取利」云。

第二節　南朝田制述略

南朝田制，一律放任人民私有，國家只從中抽取戶調而已，原沒甚末政制可說。梁武帝天監三年，詔「尤貧之家勿取今年三調，無田產者所在量宜賦給，」這可算是官給田產一種朕兆了。但旣須「量宜」而又限定「所在，」話雖說得好聽，究竟是個虛惠而已。

第八章　唐代的田制撮述

第一節　武德田制

公田制度，經過隋唐交替時代的戰爭，漸漸有些失調。唐高祖武德七年，戰事粗定，便把田制重新整頓一下。他的定制：

(1)授田種類　又分爲二：

(甲)權利久暫之差別　他把田的享用權，分做「口分」「世業」兩種。「世業之田，身死則乘戶者便受之口分則收入官更以給人。」

(乙)田地品質之差別　他把田地品級分做「不易」「一易」「再易」三種。「歲一易者倍之」——但在狹鄉，雖是三易之田亦不倍受。甚麼叫做狹鄉呢？新唐書解釋道：「田多可以足其人者爲寬鄉；少者爲狹鄉。」

(2)授田頃畝　唐代量田的標準，是把步做單位。闊一步長二百四十步爲畝，百畝爲頃。他的分法：

丁男一人授田一頃……(百畝)

老及篤疾每人……………四十畝

寡妻女…………………………三十畝

另外的「當戶」人家，可以特別增加二十畝，——這還是宗法社會的遺留吧？

上面定額之中，得留二十畝做世業田，把餘額充做口分。狹鄉授田減寬鄉之半；有的時候還可不給；工商只有齊民的半額。

(3)授田程序　授田先貧及有課役者。「凡田鄉有餘以給比鄉，縣有餘以給比縣，州有餘以給比州。」

(4)受田年齡　「民以始生爲黃；四歲爲小；十六爲中；二十一爲丁；六十爲老。丁男十八以上受田一頃，死則收之以授無田者。」

(5)受田時日　「凡收受皆以歲十月。」

(6)田畝處置　「凡庶徙鄉及貧無以葬者，得賣世業田自狹鄉而至寬鄉，得並賣口分田但已賣不復授。」

(7)田戶義務　「授田者丁歲輸粟二斛，謂之『租』。丁隨鄉所出輸綾絹等物，謂之『調』。用人之力歲二十日，不役者日易絹二尺，謂之『庸』。」——此卽唐初之田制，並給人叫做「租庸調」。

(8)特別免課　唐時自王公以下皆有永業田但多可以免課：

一　太皇太后，皇太后緦麻以下親；

二　內命婦一品以上親；

三　郡王及五品以上祖父兄弟；

四　職事勳官三品以上有封者；

五　國子太學生，四門學生，孝子順孫，義夫節婦同籍者；

六　老及廢疾篤疾，寡妻妾，部曲，客女，奴婢，及視九品以上官。

(9)戶籍調查　唐的戶籍簿册，叫做「手實」，年終定例要編造戶口年齡和田地的廣狹一次。由各鄉主辦的叫「鄉賬。」鄉送至縣，縣送至州，州送至部。每年一回計賬，三年一造戶籍，州縣留五份，尙書省留三份。

第二節　武德太和兩制的比較

我們把武德和太和的田制比較一下，他的差異：

(1)武德時候奴隸和牛沒有給田，——這個許是廢除奴制的一個進步。

(2)武德時候狹鄉寬鄉分地不必一律。

(3)武德時候官授之田人民可以賣買。——這個比太和軟性得多，怪不得不上幾傳就要變法了。

但他也有他的好處，便是：戶口調査精密；手實辦理完善；授田曾經一度的統計不是胡亂估定。

第三節　均田的破壞情形

武德立法之初，便准自由賣買，實足開兼倂之端；所以高祖永徽時候，賈敦頤沒收洛中豪右踰制占有之田至有三千餘頃；玄宗開元時候宇文融搜括天下逃戶，亦至「八十餘萬，田畝稱是。」均田的實際，可想而知。開元以後「天下戶籍久不更造，丁口轉死，田畝賣易，」祖宗的善政至此早已掃蕩無餘。加以節度使割據地盤，政權不能統一，國家就想維持整頓，也怎樣整頓得來。

第四節　關於田制的各種對策

公田是土地的最高原則，所以雖然不合情景，總不斷地有人提倡他。

開元十八年，宣州刺史裴耀卿上疏說：

「請適宜收容流散之民於寬鄉有剩田之處，每戶與以五畝之宅，每丁與以五十畝以上之私田。另以十丁爲一團，使耕百畝之公田。」

這是想在剩田之處，試行助法的。德宗時候陸贄也上疏說：

「古者百畝地號一夫，蓋一夫受田不過百畝。……今富者百畝，貧者無容足之居，依託強家，爲其私屬，終歲服勞，常患不充。有田之家，坐食租稅，官取一，私取十，穡者安得足食？宜爲占條限，裁租價，損有餘，優不足。」

這是想舉行限田裁減租額的。穆宗長慶時候，元稹上均田表裏，更說：

「……因農務稍暇，令百姓自通『手實』狀，又令里正書手等傍爲穩審，並不遣官吏擅到村鄉，略無欺隱。除去逃荒，其餘頃畝，取兩稅元額，通計七縣沃瘠，一例作分抽稅。」

這可算是有體有制了。但察他的內容，名雖「均田，」其實只是「均稅，」還不比前兩疏，來得徹底。

第九章　五代田制的斷片

五代割據相承，地主強豪均秉政柄，公田制度，自然是卑之無甚高論了。後唐明宗天成四年，令人民自己供出田畝多少，長興二年又令有田人充做戶村長，叫他把餘額田苗補助給「貧下不迨」的破落戶，「肯卽具狀徵收，有司卽排段檢括，」這不能不說是實行公田的一個表示，但是沒久就易代了。周世祖銳意爲治，把元稹所製的均田圖頒發諸道，徵求意見。至顯德五年，使令艾穎等三十四人巡視各地，檢定民租。使他享國多年，均田制度未必不可以實現。

第十章　宋的田制

自唐改用兩稅以後，私田之占據已成確定事實。宋承五季之後，田制多同，雖有官田民田以及營田屯田各種名目，其實所謂官田者乃種官之私有而已。現在把他分說如下。

第一節　官田的解剖

第一款　官田的來源

宋代官田雖然有人把他稱做公田，其實不過是皇家以地主資格隨意處分的私有田業。他的來源：

(1)授田均田時所保留的公有餘額；

(2)逃戶無主之田歸官者；

（3）犯罪沒入。 這個除尋常事件以外，還有沒收逆業之例：（一）高宗建炎元年，籍蔡京王黼等莊以爲官田。（二）紹興六年，以賤徒田舍及逃戶田充官。（三）寧宗嘉定元年，以韓侂胄與其他權倖沒入之田置安邊所。

（4）山野新墾。 官田中這一項最多，他的處置方法也有分給人民和停年起課兩種：

1. 分給人民 太宗太平興國中，詔「兩京諸路召集餘夫分劃曠土勸令種蒔，候歲熟共收其利。……所墾田卽爲永業，官不取租。」高宗紹興末年令離軍添差之人，授湖南江淮荒田一頃，爲世業。

2. 停年起課 太宗淳化時候，「州縣曠土許民請佃爲永業，蠲三歲租，三歲以後收租三分之一」這便是一例。

當時新墾田畝，據載：

太祖開寶末	二、九五二、三二〇頃六〇畝
太宗至道二年	三、一二五、二五一頃二五畝

眞宗景德中　一、八六一、……頃

天禧五年　五、二四七、五八四頃三二畝

仁宗皇祐中　二、二八一、……頃

英宗治平中　四、四〇一、……頃（附註：……表未知數。）

別個時候沒有記載的還多，數目不算是不大了。但此中官吏要功抑勒虛報，計算不實，以及以熟報荒各種弊病，怕也不會沒有。

第二款　官田的處分方法

宋時官田的處分方法有二：

（1）募民耕種　食貨志「公田之賦，凡田之在官賦民耕而收其租」是也。

（2）賣渡人民　紹興元年以軍事不足，詔盡鬻諸官田。二十六年浙東邵大受乞承賣官田者免物力三年十年以償之。三十年詔承賣荒田者免三年租。這時官田價值的低落，實在可驚。更妙的是分水令張升佑等，竟因賣田稽違，至於減秩去職；浙東提舉都絜因賣田最多，也可以陞進一秩；其餘的抑配賣受的情弊更不必說了。他的買賣方法，用的是拍賣和估定兩種：

（甲）拍賣　哲宗元祐元年，戶部言「鬻賣絕戶田宅，既有估覆立價，乞如賣撲坊場例，罷實封投狀」這是曾用拍賣方法的證明。

（乙）估定　孝宗淳熙元年，臣僚言：「買產之家，無非大姓。估價之初，以上色之產，輕定價貫，揭榜之後，率先投狀。若中下之產，無人屬意，所立之價，輕重不均。莫若具令元佃之家，著業輸租，猶可得數十萬斛。」這是定價招買的一個證明。至官田的停止出賣，那是光宗紹熙四年以後的事。

第二節　屯田和營田

屯田營田同屬官田的一種，他的性質也沒甚差異；所以眞宗咸平年間，也可以把「屯田務」的官銜改做「營田務。」若要過細區別，只可說屯田用的是兵，營田用的是民而已。但是咸平時候，襄州營田既調民夫，還要調鄰州的兵來合作。熙豐之間，邊州營屯又准不限兵民皆取給用：這不很明白地打破兩者的限界吧？屯田的事蹟：

太宗端拱時候，何承矩屯河北，陳恕樊知古招置營田河東北。

眞宗咸平時候，耿望屯襄州。

仁宗慶歷時候，范仲淹興屯於陝西，歐陽募弓箭於河東。

神宗熙寧時候，章惇屯沅州。

這都是犖犖大的。但其中或以侵占民田爲擾，或以差借耨夫爲擾，或以括牛諸郡爲擾，或以兵民雜處爲擾，不特不足保境息民，而每歲所入也不够抵償所出。當太祖令陳恕屯田河朔的時候，陳恕密奏「戍卒皆遊惰仰食縣邑，一旦使冬被甲冑春執耒耜，恐變生不測。」就這一點看來，屯田的目的早已不曾存在了。

熙寧時候鄭民憲想在屯田試行助法；令每一弓箭手授田百畝，內劃十畝歸公，每歲收公田租一石，水旱三分減一，但未實行。

第三節　民田的搜括

宋時民田賣買絕對自由，國家除按戶收稅外，簡直沒有甚麼關係。太祖繼續周世宗遺制，雖曾遣官分道均田，究竟他的目的還是均稅。結果勢官富姓兼幷僞冒習以成俗；一般貧民也情願佃作富家，規避賦役。太宗端拱初年，京師畿甸以內，便有「民苦重稅，兄弟既壯乃析居，其田畝聚稅於一家，卽棄去。縣歲按所棄餘地除其租，已而匿他舍，冒名佃作」的毛病；別個地方更不消說了。所以宋的逃民絕戶特別多。國家歲入頗受他的影響。因是搜括的方法也特精良起來，統共有下列幾種：

（1）方田　方田就是均田。神宗時候爲着田賦不均，重脩先制，特別叫做方田；但這和北魏的均田是絕不相同的。他們規定「東西南北各千步當四十一頃六十六畝，一百六十步爲一方」照五等定地色，官定「方帳」「莊帳」，民給「戶帖」「甲帖」，按額收稅。倘有賣買分割，並須由官給契，由縣置簿。元豐八年以後，爲他煩擾告罷；徽宗初年，蔡京當政，照舊舉行；崇寧四年又罷；大觀二年又行；宣和以後，纔詔諸司毋得起請方田，垂爲定制。

（2）經界　經界就是變相的方田，不過在舉事之初，便申明「要在均平，不增稅額」這是他的特點。頭一個創辦的李椿年，他曾說明經界不正，有「侵犯失稅」「詭名寄產」「州縣隱賦」

……十個大害。高宗信他的話，便令椿年措置經界。起初只在平江試辦，着令各鄉各戶設備一本「砧基簿，」田畝不在簿內的，便要沒官。但百姓未知意旨，多半田少報多；有時官吏方面，又奉行失當，卽「尺丈隙田，亦令充作稅量，」以致「仁政虛行，」（楊承評語）結果便和方田的流弊沒有兩樣。

（3）推排自實　自實是百姓自行報捐；推排是官廳推測排比。趙順孫說，「排推者諉之鄉都，則徑捷而易行；自實者責之人戶，則散漫而難集，」這便是兩制之比較。宋臣李鏞關於這個也有一節的議論：

「經界嘗令脩明矣，脩明卒不行；嘗令自實矣，自實卒不竟。豈非上之任事者每欲避理財之名，下之不樂其成者又每倡爲擾民之說？故寧坐視邑政之壞，而不敢詰猾吏奸民之欺；寧忍取下戶之苛而不敢受豪家大姓之怨。蓋經界必多差官吏，……必遍走阡陌，奸弊轉生，久不迄事。推排以縣統都，以都統保，選任才富公平，訂田畝稅色，載之圖册，使民有定產，產有定稅，稅有定籍而已。」

描寫官僚的腐化，頗爲深刻。但謂推排只要訂立圖册便可了事，也未免太於易視了。

（4）根括　根括便是搜括荒田。崇寧時候，王本自稱前任提舉常平，曾根括諸縣天荒瘠鹵有一萬二千餘頃；宣和中江東轉運司括到逃田亦有一百六十餘頃，兩浙括到四百餘頃：這都是根括的成績。

有一種和這稍微相似的，便是徽宗政和時候的「公田。」他將民間田契，由現主追究至前主，由前主更追究至無契可證，便迫令增立官租。有契可據的，還要照民間契據所載田畝，用樂尺打量；倘有盈額便把他沒公增課，叫做「公田。」結果「農畝困敗，民但能較公田之俵，而正稅不復有輸」主辦的李彥也終於因此得罪誅死。

第四節　職田

唐宋職田之給，多沿北魏及隋之舊。宋時外官之給職田，自眞宗咸平中始，係由逃戶及荒田項下撥充。大約自知藩府二十頃，降至小縣尉丞二頃，以等級爲差。宋高宗紹興時，以軍與用竭，借用國內職田一年，由是職田之額也逐漸廢弛。

第五節 田制改良的理論和試行

宋時私田之占有雖成確定事實，但一時君相，提論設法改良，也很多次：

（1）墾田 太宗時候，原有聽民墾田官不收租的命令；但四方逃戶尚多，一紙空文不會發生多大効力。至道二年，太常博士陳靖便請「濬擬井田」招集逃戶，把田分做三品；膏沃而無水旱爲上，膏沃而有水旱和不膏沃而無水旱爲中，不膏沃且有水旱爲下。上田每丁百畝，中田百五十畝，下田二百畝。一家只有三丁，便給三丁之田；五丁亦不加給；七丁只給五丁，十丁只給七丁，二十三以上以十丁爲止。宅地家三丁以下給三十畝，三丁五十畝，五丁七十畝，七丁一百畝，十丁一百五十畝，十丁以上不加給。田地五年以內無租，五年以外收十分之三。宅地除桑功以外，完全無租。這原是一種招墾方法，說不到井田。但宰相呂端勸農使皇甫選等，已經嫌他多費資用，事功難成，請求停辦了。

（2）限田 仁宗卽位之始，便因賦役不均，田制不立，下詔限田定例公卿以下不得過三十頃，牙前將吏應復役者不得過十五頃並限令吏民享田不得過一州以外，唯選擇墓地一項，許在州外增墓田五頃，可算是由官論成爲事實了。終因有司都說他不便，也不能實行。

公卿職田之限，徽宗政和初年只准一品之官有田百畝，二品以下遞減，至九品，僅有十畝。餘外雖非絕對不准置田，但須和平民一律服役。（餘詳前職田章）七年又詔內外宮觀「捨置田」在京不得過五十畝，在外不得過三十畝；這都是於勢力階級加以一種限制的辦法。但是像通判王時升所說的「強豪盧占良田而無偏耕之力，流民負襁而至而無開耕之地，」和御史謝方叔所說的，「令百姓膏腴盆歸貴勢之家，租米有及百萬石者；小民百畝之田，頻年差充保役，不得已獻其產於巨室以免役，」各種弊害，仍不能免。

高宗建炎五年，廣州教授林勳便上了一篇本政書，請求「仿古井田之制，一夫占田五十畝。羨田之家毋得市田無田與游惰末作者皆使爲農。」由是諫官提論限田的也陸續不絕。度宗景定時候，侍御史陳堯道又陳述限田五利，請依照祖制，實行把民間踰限的田，抽買三分之一充做公田。宰相賈似道主持尤力，度宗詔令「一意行之。」但因國帑空虛，回買公田多半不給現款，定例：

五千畝以上，給銀半分，官告五分，度牒二分，會子二分半；

五千畝以下，給銀半分，官告三分，度牒三分，會子三分半；

千畝以下，度牒，會子各半；

五畝至三百畝，全用會子。

「告牒」「會子」「民持之而不得售」簡直和沒收一樣；遂使常州之民，至以「歸併抑買自經，」其爲民害之深何須多說。至瀛國公德祐元年，詔罷公田，將原括之田歸給田主，而宋祚也於是乎告終。

第六節　結論

照以上推論的結果，可以知道宋代土地分配，含有兩種矛盾現象：即一方面地主的兼併劇烈，他方面田畝的荒廢又很多。爲的是什麼原故呢？這便是有田的不能耕作，能耕作的又沒有田。而其總原因，則在於舉行單稅制，無論賦役貢稅，全由田畝負擔；結果，便至：

「畿甸民苦重稅，兄弟既壯，乃析居，聚稅於一家，乃棄去。縣歲按所棄地，除其租；已而匿他舍，冒名佃作。」

這是端拱時候的現象。理宗淳祐時候，史裏也有一段記載：

「小民田日減而保役不休，大官田日增而保役不及。以此，弱之肉強之食，兼併浸盛，民無以遂其生。」

賈似道決然斷然，排除物議，限制名田，設立公田，這不能不說是一種革命舉動。但至於抑買搭債，流弊便不可勝言了；但這未必不是劉良貴廖邦傑等奉行之過。

第七節　田莊的組織

宋時民間之田莊的組織，據寧宗開禧元年范蓀一疏，很可窺探到幾分。他說：

「凡爲客戶者，許及其身，毋及其家屬。凡典賣田宅，聽其離業，毋就租以充客戶。凡貸錢只憑文約交還，毋抑勒以爲地客。凡客戶身故，其妻改嫁者聽其自便，女聽其嫁。」

只這數行，舉凡農奴的附着爲田莊的一部，奴隸身分的世襲，人身的抑勒賣買，各種情形都躍然紙上了。

第十一章　遼金的田制

第一節　遼的田制

遼史食貨志說「遼沿契丹遺俗，其富以馬，其強以兵。馬仰水草，人仰湩酪。」還沒有脫離游牧時代。皇祖匀德實纔教民稼穡；太祖以後纔有田制。他的大概：

第一種公田　用的是助法。每歲農時，一夫偵候，二夫給糺官之役，一夫治田，力耕公田，不輸稅賦。

第二種私田　用的是稅法。許民占為己業，計畝納稅。

第三種在官閑田　用的是停年起課之法。大約募民耕種，十年以後纔行課租。

第二節 金的田制

金代田制，雖說田業各從其便，賣買於人無禁，然而他們原是普天之下莫非王土的，不過在皇族私有底下，用恩賞的方式分給臣民。又因民族的狹隘思想過深，對待漢人不能一律；因之田地處分也呈出畸形的現象。現在把他分說如下：

第一款 金人的待遇

金人移入燕京河北山西山東各地的，有「猛安」「謀克」二類；猛安是千夫長的意義；謀克是百夫長的意義。爲的都是率領金人，和淸代的旗民相似。猛安謀克滿二十五口可以合成小組，向官領取田地四畝四頃有零，用耒牛三頭耕種，他的名稱叫做「一具。」一具納租不過一石，叫「牛頭租。」但無論官民有口多少，一組至多總不能過四十具。世宗二十年，又因爲田地不够分配，更定牛九具以下纔准照額全給；十具以上四十具以下只在官勢之家量撥六具，但那時普通民田被奪充猛安謀克的已不少了。更有甚麼刷地，拘籍，通檢，推排，諸種辦法，全是爲替金人占地來的。世宗嘗對省臣說：「官地非民誰種？然女眞人戶自鄉土三四千里移來，若不拘刷良田給之，久必貧乏。」又說：「本爲新徙四猛安貧窮，刷地與之。」全不想到猛安以外的漢族窮民，又向那裏拘刷呢？所以他又慈祥愷惻的說道：「如此恐民苦之，可爲酬直。」但是誰能相信呢？

猛安謀克，有了田地之後，不肯自耕。有的「伐桑棗爲薪，鬻之；」有的「斫蘆爲薪，斬芻以自給，」有的把田轉佃漢人耕種，自己酗飲游蕩，坐享地租，至有「一家百口隴無一苗」者。世宗雖然定下很嚴厲的規矩，說有田不種，普通人杖六十，謀克四十，但也不見得有甚麽効果。

第二款　漢人的租稅和限田

漢人承種官田荒田，要看他有無占有的意思分別租稅。凡請射荒地以各路最下級第五等減半定租，免八年輸納；若占作己業，並依第七等稅錢減半，亦免三年輸納。換句話說：便是承種官田的起課年限較緩，特別叫做「租；」占作己業的升科年限較早，特別叫做「稅。」私田有「租，」官田有「稅，」在當日是一些胡亂不得。章宗時候，高汝礪以起科太遲，民多巧避，還有臨到起科乞退耕地的毛病。因此改做請佃免三年租，己業免一年租，並要有鄰首保識，使他不得臨期逃避，從此歷代相沿，遂成定制。

至於民田兼併之害，金代亦不能無。世宗大定時，參政納合椿年一人占地八頃，山西亦有一家占地至三十頃的。小民無田可耕，多半走往陰山惡地。因此世宗便令占官地十頃以上的便括籍入官，均賜貧戶。章宗時候，又令平陽路計丁限田，一家五十畝，餘剩的統都拘籍給貧民。

第十二章　元代田制的因襲和改良

第一節　地丁的搜括

蒙古舊俗不待蠶而衣，不待耕而食，對於土地觀念原甚薄弱。世祖侵略江南，做成統一國土，除承續宋室官田外，把財賦分做地丁兩種。「地」是計種納稅，初制：

中田每畝二升有半，

上田　三升，

下田　二升，

水田　五升。

「丁」是計口納稅，初制：

丁科粟一石，

驅丁　五斗，

新戶丁驅各半，

老幼免科。

這個和唐的「租庸調」相似。但地稅的結果，強者田多而稅少，弱者產少而稅多，兼併欺蔽之害當然也是不能避免的。因是括田、實田、各種老法，元代也不斷地倣行。世祖三十年，大括田畝，獲得藏匿公私田畝六萬九千八百六十二頃，單就數字上看，成績確是可驚。可是仁宗時，平章章閭卻說他：

「其間欺隱尚多，未能盡實：以熟田爲荒者有之；懼差而析戶者有之；富民買貧民田而仍其舊名輸稅者有之。」

遂復改用自實方法：先期榜示民間，限四十日以內自報田畝；逾期不報或所報不實，以及盜官田爲民田，指民田爲官田，和僧道以田作弊各種，准人首告科罰。州縣官查勘不實也要治罪。一時雷厲風行，有個鼐知密鼎在江西主辦經理，至撤民廬千九百區，夷墓揚骨以增頃畝，其他可想而知了。

仁宗以後，也漸有些知道，便下令停止自實，已經自實的也不必加科，一段風波纔平息下去。

第二節　田制的改良和理論

第一款　增輸和助役

元代有過兩種變相的限田方法，便是武宗的增輸，和泰定帝的助役。

（1）增輸　武宗至大二年，爲着江南富民「蔽占王民奴使之者動踰百家且有多至千家者」，便令歲收租五萬石以上的，每石增輸二升外，還要質一子當兵。

（2）助役　泰定帝泰定時候，令江南民戶有田一頃以上，於正課外量出助役之田若干。寺觀莊田在宋初售額以外，也要出田助役。元史讚頌這個方法，說是「民賴以不困」，蓋於官僚劣紳早有深惡了。

第二款　趙天麟的田制主張

元初趙天麟想變耕田制，便獻上一篇太平金鏡策略，裏面說：

「今王公大人之家或占民田近於千頃，不耕不稼，謂之草場，專放孳畜。江南豪家，廣占農地，驅役佃戶，無爵邑而有封君之貴，無印節而有官府之權，恣縱妄爲，靡所不至。貧家樂歲終身苦，凶年不免死亡。荆楚之域，至有鬻妻子者。」

那時社會分配的不均可算極了；所以他的理想田制，是：

「方今之務莫如復井田。」

但這場官司，已不知打有幾千年了，一旦驟然回復，談何容易！所以他又說：

「尙恐驟然騷動天下，宜限田以漸復之。」

限田的方法怎樣呢？他已計劃過：

「凡宗室王公之家限幾畝；巨族官民之家限幾十畝。凡限外退田者賜其家長以空名告身，每田一頃官階一級。限田之外蔽欺田畝者，坐以重罪。限外之田有佃戶者，就令佃戶爲主。……凡占田不可過限，凡無田之民不欲占田者聽。凡以後有賣田者，買田亦不可過限。」

以上說的是私田，至於公田——職田的制限，他所計劃，是：

『公田之制有九等，一品二十頃，二品十六頃，三品十五頃，四品十二頃；以下俱以二品爲差，至九品但二頃而已。』

照這樣幹下去：

『庶乎民獲恆產，官可養廉，行之五十年後井田可復矣。』

他所說的雖然不無幼稚之處，大體總是可行的。可惜不曾得到當日政論家之同情，終於成爲一篇議論而已。

第十三章 有明的官田民田

第一節 官田的類別

明代田制，可大別爲官田，民田，兩種。官田之制起初不過承襲宋元所有，以後加入還官田，沒官田，皇莊田，學田，職田，屯田等類，據食貨志所列，共有一十四種。他的數目：孝宗弘治十五年，調查國內土田共四百二十二萬八千零五十八頃官田占額七分之一。孝宗以後還有增加，蘇州一省，據日知錄所載，民田只占官田十五分之一，換句話說便是十五人之中有十四人是替官家做農奴。官田之多，實爲得未曾有。現在爲述說便利起見，權把他分做官田，皇莊，屯田三項，略紀如左。

第一款 官田的政制及其弊害

原先人民承種官田，農具牛種全由官給，每畝納租一石。以後雖然減至七斗，而牛種農具亦不給付；而且編入官戶之後，無論水旱荒凶都要照納。宣宗宣德時候，廣西布政使周幹上疏說：「仁和海寧崑山海水陷官民田千九百餘頃，逮今十餘年，猶徵其租。」這便是官田爲害的一個證據。

田畝相沿日久，版籍脫訛，買賣過割之際，往往把官田當作民田，釀成爭訟。景帝景泰時候，浙江布政使楊瓚，竟然把湖州官田之租，派入輕租民田承納，使農民無故增加一樣負擔；這是官田爲害的二種。

官田租額原較民田之稅爲重。國家擴充官田的結果，民田被買入或沒收做官田的，田畝不會增加，佃戶輸租突然增至數倍。成化時候王弼有篇永豐謠，說：

「永豐圩接永寧鄉；一畝官田百畝糧。人家種田無厚薄，了得官租身即樂。前年大水平斗門，圩底禾苗沒半分，里胥告災縣官怒，至今追租如追魂。有田追租未足怪，盡將官田作民賣。富家得田貧納租，年年舊租結新債。舊租未了新租促，更向城中賣黃犢。一犢千文任時估，債家算息不算母。嗚呼！有犢可賣君莫悲，東鄰賣犢兼賣兒。但願有兒在我邊，明年還得種官田。」

當日官佃的痛苦，讀了這篇謠，便可知道。

第二款　莊田的禍民

莊田亦官田之一種，不過歸入特殊階級之後，變成大地主的生產方式而已。其中又有皇莊官莊兩種：

（1）皇莊　皇家莊田的設置，創始在憲宗時候。據載孝宗弘治二年，畿內皇莊共地一萬二千八百餘頃，武宗時候增至三百餘莊，共占地三萬七千五百九十四頃四十六畝。他的弊害：

「管莊官校招集羣小稱莊頭伴當，占土地，斂財物，汚婦女，稍與分辨，輒被誣奏。官校執縛，舉家驚惶，民心傷痛入骨。」

單單經濟的侵略，已够生死人命了。再加入政治勢力，爲害之甚，自不待言。

（2）官莊　明代官田除皇莊以外，爲害最大的便是諸王勳戚中官的莊田。明太祖賞賜功臣甚多，後代相沿爲例，廷臣亦多自請干涉。孝宗弘治時候，畿內官莊便有三萬三千餘頃之多，別個地方更是不可勝計。他的弊害兵部夏言說：

「正德元年以來，權姦用事，經過州縣有廩餼之供，車輛之取，夫馬之索，及抵莊田外所，……

其甚者……架搭橋梁，擅立關隘，出給票貼。……凡民間撑駕舟車，牧放牛馬，采捕魚蝦，螺蚌，莞蒲之利，靡不括取。鄰近地土，則展轉移築封堆，包打界址，見畝徵銀。本土豪猾之民，投為莊頭，措置生事，幫助為虐。」

確是集土劣腐惡官僚地主之大成了。而其行動且超出莊田範圍以外，「駕帖」「捕民」「格殺莊佃」更是平常的事。

神宗萬曆時候，也曾提出一個遞減的辦法：定為勳五世限田二百頃；戚係二世者分三次遞減，三世者分二次遞減，至五世留百頃為永業，世絕爵除仍留五頃守墳。但奉詔者還是「姑留不發，」以致格不能行。他如拒絕賜田，禁止獻地等，亦時有聞，但總未能淨絕。

第三款　屯田

屯田之制，明時有軍屯民屯兩種名目。由衛所統領的，叫「軍屯，」每軍受田五十畝為一分。由州縣統轄的移民，罪徒，召募等叫做「民屯。」又有一種「商屯，」那是由官廳發給鹽引招募鹽商輸米邊倉的，所以又叫「鹽屯，」或叫「開中。」

第四款 學田

顧炎武鑒於當時田制的紊亂，有云：「今者唯衞所屯田，學田，勳戚欽賜莊田，三者猶是官田。南京各衙門所管草場田地，佃戶亦轉相典賣，不異民田。」又主張定肥瘠高下爲三等：……概謂之曰民田；惟學田屯田乃謂之官田。可見他對於學田的重視了。

學田自宋以來均有設置，明太祖洪武十五年，詔定學田爲三等：府學一千石，州學八百石，縣學六百石，應天府學一千六百石，並設吏一人以司出納。

第二節 民田

第一款 舊有民田

明時民田的賣買，除履行契稅過割兩種手續外，其他絕對自由。契稅是一種土地移轉稅，創始在晉朝，至明纔把他列做確定稅收之一。過割就是粮戶姓名的移轉。明初記載戶口的丁册叫「黃册，」記載田畝的田册，叫「魚鱗册。」太祖洪武二十二年，令國子學生分行州縣量度田畝方圓，列成號數，記入田名戶主面積等項，編册和魚鱗重疊一樣，所以有這個名稱。凡起賣田土，照例原須備載糧稅科則，請官記入。然民間紊亂隱匿之弊，仍不能免。而且當時田畝又有大畝小畝之分，五尺爲步，步二百四十爲畝，叫做大畝，這是里社原有住民所用的尺度。新遷屯戶移入較後，占地較狹，所用的只是小畝。東昌府志說：「步尺參差，大小畝規劃不一，人臣得以意爲長短廣狹其間。」顧鼎臣主張履畝丈量，這便是後世「丈量」二字之始。神宗萬曆時候，張居正當國，盡限三年徧丈天下田畝，計丈得七百零一萬三千九百七十六頃，比較弘治增多出三百餘頃。但中間不免有官吏要功，私用小弓或掊克百姓之弊。

此外有一種改革稅制，負有盛名的方法，叫做「一條鞭，」算是明代的創制。解釋出來便是把丁糧、科役、徵派、土貢、方物，各種苛細，歸納在一起，併繁就簡，統由土地負擔。結果「工匠巨商大賈皆以無田免科。而農夫獨受其困；」雖然手續簡單些，原也不算良法。

第二款　新墾田地

太祖洪武時候，爲着中原多故，召集省臣討論「計民授田」的辦法。決議在臨濠等地，點驗丁口多寡，照數均分。北方近郭之地，每人給耕地五十畝，蔬地二畝，免租三年，招募就墾。又定人民於額外再能墾田，永不起科之例。這個和前代授田之制稍微相似。但景帝景泰六年，終於聽尙書張鳳之請以輕則起科了。神宗時，又令江北諸府農民無田可耕的，年十五以上官給荒地五十畝，牛一頭，前往墾闢，三年起科。蘇州諸地六年起科。但亦不過承墾官田而已，和土地分配無甚關係。

第三節　限田的提議

世宗嘉靖時候，給事中徐俊民請求限田一疏，言論頗中機要，現在把他抄錄出來，以備參考：

「今之田賦，有受地於官出供租稅者，謂之「官田」。有江水泛溢，溝塍淹沒者，謂之「坍江」。有流移亡絕，田棄糧存者，謂之「事故」。……夫民田之價十倍官田，民不能置，而官田糧重，每病取盈。益以坍江事故虛糧，又令攤納，追呼鼓撲，歲無寧日。而姦富猾胥，方且詭寄挪移，幷輕分重。此小民疾苦閭閻凋瘁所以日益而日增也。請定均糧限田之制，坍江事故悉予蠲免，而合官民田爲一，定上中下三等起糧以均糧。富人不得過千畝，聽以百畝自給；其羨者則加輸邊稅。如是則多寡有節，輕重適宜，貧富相安，公私俱足矣。」

他的三則起科，官民合併的意見，和顧氏完全相同。餘羨加輸，就是元代「助役」「增輸」的遺意。其餘限額千畝，雖然定制獨寬；而立法的精神也和前代的限田論沒有甚麼兩樣。

第十四章　淸代的官田民田

淸代田制多沿明舊，也有官田民田的溝分。官田之中最多的是屯田旗田，民田之中最多的是民賦田更名田兩者。現在分說如下。

第一節　經常田制

第一款　民田和官莊的改民

民賦田，是原有的民田，除掉完糧契稅以外，國家毫不過問。所以自詡老業者，常有「糧收契稅」之誚。更名田是把明代藩田官地賦給人民。世祖減租諭裏，有一段說：「前明廢藩更名地，當時爲藩封之產，不納課糧。召人承種輸租，止更姓名，無庸過劃，謂之更名地。」換句話說，便只更換佃戶的名稱而已。但是官田常比民田賦重，所以折納田賦之後，糧額也數倍民田。在明時佃戶貪圖投鼠藩勢，租率貴些原不相干；更名之後，同作民田，而納稅尙仍舊額，未免有所歧重了。

在未更定以前，也有叫做「欽租地」的，那就是皇莊的意味。雍正以後，革除欽租名色，把他和民田一律徵科，所以糧額也漸趨畫一。

第二款　官田的內容

第一目　屯田

清時各省屯田頗多，據高宗乾隆三十一年的調查，天下土田共七百四十萬四千四百九十五頃五十畝，屯田數目便有了三十九萬二千七百九十五頃六十七畝，（清制廣十五步縱十六步爲一畝百畝爲一頃）竟占總額百分之六以上，邊外新疆各地，似乎還不計在內。他的制度全襲前明，由軍丁承糧，衞所管轄。軍丁於耕作之外，還要操演、捕盜、守衞、運糧，所以他的科徵要比民田輕。世祖順治七年，衞軍裁汰，只有運糧處所，屯田仍舊輕科，其實早和民田一樣。世宗雍正十二年，又把內地衞所，並入州縣，僅漕運各地尙留衞所名目，論籍雖有軍民之殊，其在佃作方面已毫無差異了。而且屯田輾轉買賣，版籍淆濁，無實之名，終爲贅物。中經高宗限期「清屯歸軍」，究亦無甚効力。

第二目 旗田

旗田是滿清特別優養隨從軍人的創制，也可以說是旗民的特殊財產。有的直接由內務府管轄，叫「內務府官莊」；有的撥給宗室，叫做「宗室莊田」；有的分散各省，叫做駐防官莊。他的內容：

(1)內務府官莊　創設在世祖順治元年，每莊應地一千八百畝，莊丁十名，莊頭一人，多數是把前明皇田官田充入。但也有近畿百姓自己情願帶地來投求做莊頭的，所以又有「納銀莊頭」的名目；因爲他的性質，和納銀領莊相似。二十四年以後，新令每莊納銀若干，叫做「莊糧」。二十六年又令在納銀二百兩的莊內，增丁一十五名，一律改爲「糧莊」。莊頭當差二三十年不曾欠糧，給賞九品頂戴；四五十年給賞八品。

糧莊以外，又有豆稭莊、稻莊、菜園、瓜園、蜜戶、葦戶、棉靛戶各種，大都供給實物，以備官用。又有禮部官莊、光祿寺官莊，那是不屬戶部，分隸各種衙門的，和前代職田有些相類。

此外更有一種不定租額，隨時分盆的，叫做「半分莊」。滿洲佃農現在尚多沿用此制。

(2)宗室莊田　順治元年，世祖諭戶部說：「近京各州縣無主荒田，及前明皇親駙馬公侯伯內監歿於寇亂者，無主荒田甚多。……如本主尙存及有子弟者量口給與，其餘盡分給東來諸王勳臣兵丁人等」：便是這個制度的來源。他的理由是說：「東來人等無處安置，故不得已而取之。」恰和金世宗所說一樣。更有比較金人更進一步的，便是防止漢滿雜居的「圈地」。其法：

「先將州縣大小定用地多寡，使滿洲人自住一方，而後以察出無主之地，與有主地互相兌換。」

這樣一來，民間永業隨時皆有被圈的可能，眞如戶部所稱「廬舍田園，頓非其故；」而且又有遷徙之勞。他們所說的補換兌給，又沒有定着。因此便有順治二年「視其田產美惡，速行補給，」同年「准民舊墳在滿洲地內可以隨時祭掃，」和四年「圈地以內，如有集坊仍留貿易」各種命令，藉以緩和民氣。可是圈地之害，仍是不能免除。至順治十年宣布停止圈撥民間房地，聖祖康熙五十四年停止指圈民地，撥給莊頭地畝，由是民房民田纔有安定的日子。

（3）駐防莊田　清代優遇旗民，原有撥地支糧兩種。各省駐防官兵，除江浙仍有照經制支糧外，別的概由所在撥給園地。大約兵丁每名三十畝，官員沒有定額。撥田在六十畝以下，戶部可以自由六十畝以上便須取旨定奪。

第三目　學田

學田原係專供脩學和贍給貧生之用，世祖順治元年卽經通令各直省覈實貧生數目動支糧米在案。他的田賦原寄在州縣田賦之中，每歲佃耕收租以待學政檄發。額內有山有塘有園屋統名曰田；所收有銀有錢有糧統名曰租。高宗乾隆十八年統計天下學田有一萬一千五百八十六頃有奇。另有一種由地方捐募資助學生膏火的，別稱「義學田」。

第四目　牧馬廠

牧馬廠卽宋的草料場前明的草場地。馬政廢弛以後，荒棄甚多，順治時候卽以近京廢地給民耕墾。留給親王郡王牧馬的均有一定之額，至多不過數里。始自各省，繼至邊外，開墾甚多；有的給民永業照則起科；有的招民承耕，按年輸納。

第二節　特種田制

清代田制有特別足供研究的兩種：（1）井田，（2）限田。分說如下。

第一款　井田

第一目　井田的試行

世宗雍正二年從御史塞德之請，在直隸新城縣撥地一百六十頃，固定縣撥地一百二十五頃，爲井田模範區。挑選八旗無業百戶前往耕種。十六歲以上六十歲以下各給田百畝。周圍八分爲私田，中爲公田。公田之穀，俟三年後徵收。並於耕地所餘，設立村莊廬舍四百間。五年修正前議，令將八旗滿蒙欠糧戶及犯法革退官兵發往井田，名爲「開戶」。戶給田三十畝，銀十五兩。五戶給牛三頭，交與管理井田官員約束。開戶犯法給與良善之戶爲佃丁，但不得擅賣。七年又於順天之薊州及永清縣劃地試行。

第二目　井田的改屯

井田開戶，怙惡生事，原有咨回加倍治罪之議，由雍正至乾隆試行不過十年，此項犯法咨回的[redacted]達九十餘人。由是廷臣漸覺新制不便，下令地方官確查實力耕種的人，把他改爲屯戶，向附近州縣按畝納稅共改屯一百五十四頃九十八畝有奇，井田之聲，遂告銷歇。

我們按前兩項的記載，可以知道臣工復古的狂熱和旗民安享樂利不喜耕種的心理。結果至於強迫罪徒充當「開戶」井田的試驗還會成功嗎？井田的可否復活原是問題；但聚合數百不安本分的旗民，前往荒郊所在，要他實行「守望相助疾病扶持」那是未有不失敗的。

第二款　限田

世宗雍正時候，漕督顧琮提議限田，每人三十頃，使貧富可均，貧民有益。世宗已經准在淮安一府試行了。隨後又與大臣尹繼善相議。繼善認爲斷不能行而且斷不可行，便向顧琮駁說道：

「爾以三十頃爲限，則未至三十頃者原可置買；卽已至三十頃者，分之兄弟子孫，每人名下不過數頃，未嘗不可置買，何損於富民？何益於貧民？況一立限田之法，若不查問，仍屬有名無實；必須戶戶查對，人人審問，其爲滋擾，……不可勝言！豈可嘗試？」

田畝該不該限制是個理論問題，限制若干頃畝是個事實問題。倘因事實的障礙，便把理論全盤抹殺，也未免太於武斷了。

第十五章　太平天國的田制

太平天國的田制，略見天朝田畝制度一書，他把田畝依照土質分做九等：

品級	每畝早晚二季產出量	各田的比較
上上田	一千二百觔	
上中田	一千一百觔	一畝一分當上上田一畝
上下田	一千觔	一畝二分當上上田一畝
中上田	九百觔	一畝三分五釐當上上田一畝
中中田	八百觔	一畝五分當上上田一畝
中下田	七百觔	一畝七分五釐當上上田一畝
下上田	六百觔	二畝當上上田一畝
下中田	五百觔	二畝四分當上上田一畝
下下田	四百觔	三畝當上上田一畝

他的分田方法，是把戶口做單位，不分男女一律平等。所以同書裏說：

「凡分田照人口不論男婦，算其家人口多寡；人多則分多，人寡則分寡，雜以九等。」

他的受田資格，是把年齡做等級，不把年齡做界限；所以同書又說：

「男婦每人自十六歲以上受田多踰十五歲以下者一半。如十六歲以上分上上田一畝，則十五歲以下減其半，分上上田五分。」

他的受田數目，沒有定額，要看實際多寡比例勻分所以同書又說：

「如一家六人，分三人好田，三人醜田，好醜各半。」

又說：

「凡天下田天下人同耕，此處不足則遷彼處，彼處不足則遷此處。」

又說：

「凡天下田豐荒相通，此處荒則移彼豐處以賑此荒處；彼處荒則移此豐處以賑彼荒處。」

務要達到「有田同耕，有飯同食，有衣同穿，有錢同使，無處不均勻，無人不飽煖」的目的纔止。

但他也不只這樣就够了。還要

「凡天下樹牆下以桑，婦皆養蠶織縫衣裳。凡天下每家五母雞二母彘，無失其時。」

他還注意各種副業，如果農民有不遵守的，便：

「凡二十五家力農者有賞，惰農者有罰。」

爲甚麼要說二十五家呢？原來他的農村組織，是：

「凡二十五家設國庫一，禮拜堂一，兩司馬居之。凡二十五家所有婚娶，彌月，喜事，俱用國庫，但有限式，不得多用一錢。如一家有婚娶，彌月，喜事，給錢一千，穀一百觔，通天下皆一式：總要用之有節，以備兵荒。」

如果二十五家有爭訟時候，便告訴兩司馬，不服，告訴卒長，旅帥，師帥，軍帥。

但二十五家受田之後，對於天國也不是沒有義務的。

「凡當收成時，兩司馬督伍長，除足其二十五家每人所食可接新穀外，餘則歸國庫。凡麥，豆，麻，布，帛，鷄，犬，銀，錢，亦然。……司馬存其錢穀於簿，上其數於典田穀典出入。」

這完全是集産縱向的辦法了。但典田穀典出入到底是甚麼?他也曾規定過:

『凡一軍典分田二，典刑法二，典錢穀二，典出入二，俱一正一副，即以師帥，旅帥，兼攝。』

這可見他的分田還是軍政時期一種過渡辦法。

然只此一層已够引起地主和準地主的士大夫階級的反響了。咸豐四年，曾國藩討洪撤文，便是把這個列做罪狀之一。他說:

『農不自耕以納賦，而謂田皆天王之田;商不自賈以取息，而謂貨皆天王之貨。』

危言險論，頗足動人。但不知對於標榜儒家的井田制度，又要怎樣説法?

敬啟

『專題史』叢書，乃民國時期出版的著名學者、專家在某一專題領域的學術成果。所收圖書絶大部分著作權已進入公有領域，但仍有極少圖書著作權還在保護期内，需按相關要求支付著作權人或繼承人報酬。因未能全部聯系到相關著作權人，請見到此説明者及時與河南人民出版社聯系。

聯系人 楊光
聯系電話 0371-65788063
2016年3月28日